数据可视化五部曲

王 鑫 著

电子工业出版社
Publishing House of Electronics Industry
北京·BEIJING

内 容 简 介

数据圈有一怪：如果没有提出可操作的建议，或者对商业问题不能以非技术人员所能理解的方式来传达的话，对一个企业来说即使是最先进的统计分析技术也可能没有什么用处。在本书中，王鑫老师教你来"打怪"，不久之后在沟通数据分析业务相关方面你也将升级成大师，不仅知道如何构造数据分析项目，还将了解如何简化分析，有效地利用商业界最流行的可视化的效果，使用其画面特征，利用人类大脑固有的感知和认知倾向，直接和清晰地传达结论，从而进行有效的数据可视化分析。最后，本书利用这些可视化，用业务测试方法和设计原则带你练习设计并展示业务数据的故事。

未经许可，不得以任何方式复制或抄袭本书之部分或全部内容。
版权所有，侵权必究。

图书在版编目（CIP）数据

数据可视化五部曲 / 王鑫著. —北京：电子工业出版社，2019.12
ISBN 978-7-121-38238-3

Ⅰ. ①数… Ⅱ. ①王… Ⅲ. ①可视化软件 Ⅳ. ①TP31

中国版本图书馆 CIP 数据核字（2020）第 009716 号

责任编辑：刘小琳
印　　刷：天津画中画印刷有限公司
装　　订：天津画中画印刷有限公司
出版发行：电子工业出版社
　　　　　北京市海淀区万寿路 173 信箱　　邮编 100036
开　　本：720×1 000　1/16　印张：16　字数：315 千字
版　　次：2019 年 12 月第 1 版
印　　次：2024 年 6 月第 3 次印刷
定　　价：85.00 元

凡所购买电子工业出版社图书有缺损问题，请向购买书店调换。若书店售缺，请与本社发行部联系，联系及邮购电话：（010）88254888，88258888。
质量投诉请发邮件至 zlts@phei.com.cn，盗版侵权举报请发邮件至 dbqq@phei.com.cn。
本书咨询联系方式：liuxl@phei.com.cn，（010）88254538。

前　言

数据可视化设计是一个跨学科、跨门类、涉及面极广的前沿科学技术，旨在研究大规模非数值型信息资源的视觉呈现。通过利用图形图像方面的技术与方法，帮助人们理解和分析数据。数据可视化的意义就在于运用形象化方式把不易被理解的抽象信息直观地表现和传达出来。数据可视化包括信息图形、知识、科学、数据等的可视化表现形式，以及视觉可视化设计方面的进步与发展。地图、表格、图形，甚至包括文本在内，都是信息的表现形式，无论它是动态的或是静态的，都可以让我们从中了解到我们想知道的内容，发现各式各样的关系，最终达到解决问题的目的。

一、为什么设计本书

数据圈有一怪：如果没有提出可操作的建议，或者对商业问题不能以非技术人员所能理解的方式来传达的话，对一个企业来说即使是最先进的统计分析技术也可能没有什么用处。在本书中，王鑫老师教你来"打怪"，不久之后在沟通数据分析业务相关方面你也将升级成大师，不仅知道如何构造数据分析项目，还将了解如何简化分析，有效地利用商业界最流行的可视化的效果，使用其画面特征，利用人类大脑固有的感知和认知倾向，直接和清晰地传达结论，从而进行有效的数据可视化分析。最后，本书利用这些可视化，用业务测试方法和设计原则带你练习设计并展示业务数据的故事。

二、课程面向哪些人群

- ➢ （对企业级产品感兴趣的）视觉设计师
- ➢ （致力数据研究和应用的）交互设计师

> （想利用数据进行创新的）产品经理

> （正投身于云时代研究的）数据分析师

> （大数据和数据分析的）爱好者

三、课程包含哪些内容

本课程共包括五章内容，分别讲解：

第 1 章　为了读者的"看"

数据可视化五部曲概述，以问题为导向，开篇介绍数据可视化五部曲，其中还将通过一些数据可视化真实案例，让大家了解数据可视化五部曲的真谛。

第 2 章　你是否对数据可视化很陌生

讲述什么是数据可视化，数据可视化的前世今生，以及数据可视化的未来发展。

第 3 章　数据从哪来

主要讲述重要数据的获取方法与获取渠道，并重点介绍集搜客，让大家掌握如何获取网页数据、微博数据、微信数据等。

第 4 章　如何清晰呈现数据

其中首先讲述如何选择正确的图表，通过企业中一些常见图表问题说明图表选择过程中的重要原则。其次，通过水晶易表，教授大家在 PPT 汇报过程中做到数据的交互呈现的方法。

第 5 章　数据可视化工具如何选择

首先对比分析了一些常用的可视化工具，让大家了解如何选用不同的可视化工具。其次，将通过 Tableau 让大家可以对工作、生活中的常见数据和案例进行交互可视化实操。其中包括数据可视化实操、文本可视化实操、地理可视化实操等，满满的全是干货。

四、课程特点

(1) 面向人群广泛,无论你是(对企业级产品感兴趣的)视觉设计师、(致力数据研究和应用的)交互设计师、(想利用数据进行创新的)产品经理、(正投身于云时代研究的)数据分析师、(大数据和数据分析的)爱好者,任何人群都可以学习本课程,而且受用终身。

(2) 案例饱满丰富,本课程涵盖了数据获取(网站数据、贴吧数据、微信数据、微博数据),报表呈现(全国 GDP 数据分析、票房数据剖析、肥胖人群与 BMI 指数),产品战略(运营商套餐推荐、产品销量分析、个性节目推荐、广告精准营销),舆情分析(重大事件、热点事件、突发事件等舆情监控、舆情分析、舆情响应),可视化技能(多维数据可视化、文本信息可视化、社交网络可视化、地理信息可视化)等。

(3) 本书作为数据可视化基础课程,通过课程学习让学生掌握多种能力,概括现实生活中用户遇到的问题——数据认知能力,抽象相应数据类型的操作——数据获取能力,设计编码和交互方法——视觉传达能力,数据呈现和工具使用——综合应用能力,数据可视化实战——实战技能。

(4) 教学老师具有多年丰富的项目实战经验和教学经验,授课深入浅出,善于结合案例讲解知识应用,教学风格风趣幽默,将数据可视化这一枯燥内容知识的学习变得轻松愉快。

目 录

第一章　为了读者的"看"　　　/001

1.1　读图时代呼唤信息可视化　　　/001

1.2　"看"信息时代的科学与艺术　　　/017

1.3　设计师应该怎样"看"　　　/022

第二章　你是否对数据可视化很陌生　　　/027

2.1　什么是数据可视化　　　/027

2.2　数据可视化的前世今生　　　/041

2.3　无处不见的数据可视化　　　/054

2.4　数据可视化的未来　　　/058

第三章　数据从哪来　　　/082

3.1　数据与数据获取　　　/082

3.2　网络爬虫工具——集搜客介绍　　　/104

3.3　网络爬虫技术——网页数据采集　　　/129

第四章 如何清晰呈现数据 /148

4.1 数据可视化基础与视觉编码 /148

4.2 如何选择正确的图表类型 /174

4.3 图表展现神器——水晶易表 /189

第五章 数据可视化工具如何选择 /203

5.1 数据可视化软件如何选择 /203

5.2 数据可视化神器——Tableau /211

参考文献 /246

第一章
为了读者的"看"

科技的高速发展为信息的迅猛传播提供了优质的环境,让人们的身边充斥着大量的信息,忙碌的生活节奏无法令人们花费和大量信息相匹配的时间与精力,因此生动有趣的信息可视化产生了,并带领人们走进了读图时代的大环境中。信息可视化的目的就是帮助人们用最少的精力最高效地吸收有用信息。本章首先从信息可视化的内涵出发,阐述了读图时代信息可视化的萌芽与发展。其次,我们通过"看"信息时代的科学与艺术,说明可视化技术的艺术性以科学为支撑,同时可视化技术的艺术效果使科学更具魅力,即诠释可视化技术不只是一门技术,更是一门艺术。最后,我们通过设计师在可视化过程中的思维模式,即"灵感库的搜索与建立—结果的整理与优化—资源的迭代与更新",从中提取可视化的重要方法和手段。

1.1 读图时代呼唤信息可视化

大约从 21 世纪伊始,书本中冰冷的文字被配上热闹的插图,读书人重新回到了儿童时代的看图识字。图像取代文字成了"沟通之王",现代人仿佛又过起了祖先象形指事的文化记录生活。各种各样的图像如花海一样淹没了信息时代的人们,读图已经成为风尚,甚至成为日常生活中不可或缺的一部分。铺天盖地的图像带领人类进入"读图时代"。然而,"读图时代"也会带来种种负面影响,图像浅显易懂，使人们只能被动接受，而不像面对文字时还须主动思索。人们往往只注重图像的视觉效果，而忽视了图像背后的信息价值。于是，信息可视化孕育而生，通过图表的可视化展现，传递出数据所蕴含的"信达雅"（数据可信、表达清晰、展现美观），这项技术将为读图时代带来新的活力。

1.1.1 读图时代的诞生与影响

"读图时代"是指随着科学技术的发展和生活节奏的加快，现代人自愿或被迫进入的一个时代。在这个时代里，文字已经不能满足人们对知识和信息的渴求，需要图片不断刺激我们的眼球，激发我们的求知欲，触动我们麻木的神经。

读图时代最早在报纸、期刊等平面媒体上表现出了它的特征。19世纪，由美国著名报人普利策和赫斯特发起的一轮报纸"黄色化倾向"竞争，可以看作读图时代在报纸上高潮运动的到来（见图1.1），这次运动似乎颠覆了图像在人们心中的美好形象。大幅煽动性的彩色照片、绚丽刺眼的色彩、滑稽肤浅的内容……都让人们觉得图像"爆炸"了，而文字从"王者"变成了"懦夫"。

图1.1 讽刺普利策和赫斯特的漫画

在我国，第一个提出"读图时代"概念的是花城出版社编辑钟洁玲。1988年，花城出版社出版《红风车经典漫画丛书》，以图文并茂的形式，展现了当时的风云人物和思潮，如图1.2所示。为宣传此书，钟洁玲提出"读图时代"这一概念。

那时的"读图",指的是读者爱好阅读以图形或图片为主的图书资料。互联网时代,图片在原有基础上,发生了很多变化。期刊、网络平台等"读图"载体多样,艺术、漫画等图片类型也更丰富。当下的"读图时代",具备了特有的时代含义。

图1.2　花城出版社出版的《红风车经典漫画丛书》

在现代社会中,图片已经成为人们获取信息、了解世界的重要渠道。图片以报纸、书籍、网络等为载体进行传播,具有丰富的信息、生动的画面和直观的视觉体验。如今,很多人已不再花大量时间进行文字阅读,而是习惯快速浏览图片,并结合标题对自己感兴趣的内容进行阅读。对于新闻图片来说,我们经常可以看到一张巨幅照片占据了几乎整个报纸版面,优秀的新闻图片会以强烈的现场感、视觉冲击力和极强的时效性来吸引读者。网络、电影、电视中的图像就更多了,甚至广告、漫画、图书、期刊等,可以说只要有人的地方,就会留下"读图时代"的痕迹,可以说图片已经以不可挡之势充斥在我们周围。

然而,也许你不禁要问,为什么我们会来到"读图时代"?

首先,科技的进步、网络的普及促进了"读图时代"的到来(见图1.3)。图像采集、处理技术的进步使平面媒体可以自由、准确地使用图像。清晰、流畅的图像带给受众前所未有的美感,媒体认识到了图像对于受众强大的吸引力,从而越来越广泛地使用图像。较之报纸、期刊等平面媒体,网络的普及带给阅读者的是更加广阔的信息空间和更加便利的接触途径。网络上提供给人们的信息量大大超过了报纸、期刊所能提供的信息量,且价格更为低廉、用时更为节省、形式更为新颖、获取更为便捷。网络的普及给图像的广泛传播提供了可能，可以说，网络改变了图像的命运，为图像的迅速传播提供了便利的途径。

图 1.3　网络改变了图像的命运（5G 技术发展）

其次，图像本身具有直观、便捷、形象生动的特点，这也是促使"读图时代"到来的重要原因（见图 1.4）。图像中包含了丰富的信息量，能够引起人们无穷的联想。比如，我们小时候参加看图作文的比赛，面对图像发挥想象力，这种作文形式利用的就是儿童喜欢看图片的心理。一些探险和科普文章，如果缺少图片，就总会使人觉得缺少些什么。再比如，作者想传达给读者某种信息，但是用文字不能准确地表达出来，这时一张图片或许可以解决问题，这就是人们会对那些精心设计的公益广告图片感到叹为观止的原因。

图 1.4　图像具有直观、便捷、形象生动的特点（人类月球探险）

再次，现代生活节奏的加快也使"读图"大行其道（见图1.5）。生活节奏加快，社会竞争激烈，奔波于快速转变着的时间、地点中的人们希望用最少的时间获得最大的信息量。而"阅读图像"能帮助人们尽量节省时间、避免大脑疲劳，于是时尚感十足的"快餐读物"越来越受欢迎。都市快节奏的生活造成整个社会浮躁的心理，而人们浮躁、无聊的情绪使他们沉不下心去读书，对文字产生了排斥感。或许某一文本内容丰富、语言优美、思想深刻、蕴含哲理，但是人们没有时间、没有心情阅读和欣赏，再好的书也只是一堆废纸。人们需要的只是满足他们猎奇心理、改变他们无聊心情的"故事"，能让他们笑一下或者皱一下眉头，这就够了。

图1.5　图像符合当今社会生活节奏的需求

最后，媒体、网络刻意迎合读者庸俗、猎奇的心理，使标题夸大其词，使信息充斥眼球，这也是产生"读图时代"不容忽视的原因（见图1.6）。正如法国学者艾柯形容的，我们已被后现代的场景包围，分不清什么是虚假什么是真实。电视、报纸和期刊批量化生产了大批明星，人们在这些产品面前被击溃，不管你接不接受，他们就像活人一样，也像没有生命的物体一样，就在那儿，无法回避。所以虽然我们会对娱乐报道嗤之以鼻，但是当我们看到这样的标题或图片时，还是会不自觉地打开阅读。而且大量信息充斥媒体网络，读者无法分辨哪些有价值哪些无价值，更何况读者也懒得去分辨，于是读者会对自己说："看张图吧，就什么都知道了。"

接下来我们看一下，"读图时代"的意义，以及它给我们的生活带来的影响。

从媒介产生与发展的历史脉络来看，图片的传播方式经历了十分漫长的历史过程，而这期间图片对我们的生活乃至社会的发展产生了重要的影响。从口语传播摆脱了"与狼共舞"的野蛮状态,到文学传播加速了文明发展与传承,又到印刷传播时代提高了媒介传播效率,再到当下电子传播信息的多元化多层次扩散。媒介方法的不断变革,不但标志着新的文化形态的渐成与转变,同时也标志着一种新型理念的逐渐拓展,更表明了人类思维方式的更新转换。人类最早的"读图时代"是象形文字的使用,一个简约的图形模拟表现物体本身的含义,质朴、形象、一目了然。在相当长的时间里,图片发挥了重要的作用,如图1.7所示。

图1.6　图像迎合读者庸俗、猎奇的心理

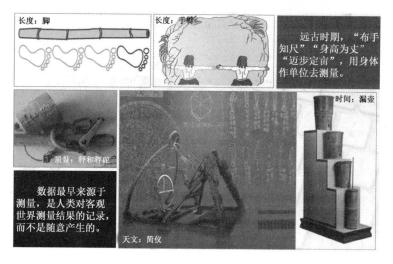

图1.7　人类最早的"读图时代"

进入现代之后,"读图"不再是从文字形体中摄取含义,而是自成一体,以大幅图片的形式展现在受众面前。报纸、期刊、电子媒体等媒介中图片层出不穷,为受众展示出了一系列图景，如图 1.8 所示。解读图片，深入挖掘，已经成为一种风尚，大众习惯开始逐步向"读图时代"靠拢。加拿大传播学家麦克卢汉曾说："媒介是人的延伸。不同的传播媒介也就是人的不同感官和器官向外部世界的延伸，这个过程不断扩大了人类征服大自然和改造世界的能力"。从这个角度看，图片作为视觉的延伸，通过给人以视觉冲击力，引发人内部心灵的感受；通过多维度地传播社会信息，从而达到图片体验与精神体验的有机结合，眼球与心灵的相互融合。图片以一种非语言符号的方式，在传递视觉信息的同时，表现视觉文化；在生活节奏日益加快、知识碎片化的情况下，满足了受众的需求，丰富了实践生活的方方面面，推进着复杂的社会历史发展。

图 1.8　现代的"读图时代"

正如前文所述，图片具有生动形象、信息量大的优势，"读图时代"满足了人们在快节奏的生活中对于知识、新闻、故事、娱乐等信息的需求。图像传播渗透在社会的方方面面，对我们的实际生活具有非常重要的意义。例如，一份烦琐的工作文件，如果加入一个树状图，各项步骤就会立刻清晰地展现在我们眼前，可以缩短阅读时间，提高工作效率，如图 1.9 所示。

然而，"读图时代"也会带来种种负面影响。图像的优点是形象生动、信息量大，但这些优点扩大后恰恰是它的缺点。由于图像的浅显易懂，使人们只能被动接受，而不像面对文字时还须主动思索。文字与其说是表达，不如说是一个人对自己的思考和阅读的归纳；图像虽然直观，但人们面对图像往往缺乏深入的思索和品味。曾有专家忧心忡忡地指出，如果人们把大量的时间消耗在读图上，很容易造成全民阅读水平低下的情况。

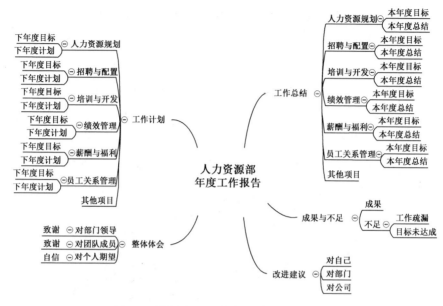

图 1.9 树状图——人力资源部年度工作报告

另外，图像有很强的冲击力，对人的感官有着强烈的刺激，大量的图片冲击会造成人的感官麻木。设想一下，当读者像翻书一样翻阅成百上千张图片时，由于图片数量过多，真正的优质图片很容易被淹没，难以被读者发现，就算发现了，由于已经习惯读者还会花时间做一些思索吗？

最后，图片充斥电视和网络，现代人为之耗费了大量的时间和精力。我们的儿童是由电视"抱大"的，我们的青少年沉溺于网络游戏和网络聊天中不能自拔。算一算，假如每人每天平均坐在电视和网络前 2 小时，乘以 365 天，再乘以 14.1 亿人，得数会是多少？而这些时间，原本是我们用来读书、和朋友聊天、与家人做游戏、出去旅游、锻炼身体的时间啊！而且一个人天天与电视和网络为伴，恐怕会被冷冰冰的机器思维所主宰。这些年因为沉溺于网络中的色情、暴力、谎言而导致的悲剧还少吗？

1.1.2 信息可视化孕育而生

在"读图时代"生活的我们，面对图像的优点和缺点应该何去何从呢？如何在享受图片带来的视觉放松、感受图片传来的浓浓情意的同时,去挖掘图像背后的故事,理解图像所蕴含的深刻含义呢?于是信息可视化技术孕育而生,通过图表的可视化展现,传递出数据所蕴含的"信达雅"(数据可信,表达清晰,展现美观),这项技术将为读图时代带来新的活力。

首先,我们来了解一下什么是可视化。"可视化"一词源于英文"Visualization",译为"形象化""成就展现"等。事实上,将任何抽象的事物、过程变成图形图像等形象化的表示都可以称为可视化。用可视化的手段来呈现信息已不是一个新奇的现象。最初的"可视化"可以追溯到几千年前,如古时洞穴里的绘画,后来的地图、科学图画和数据图等。这些早期的可视化探索与运用在一定程度上以平直的向前方式对计算机形象化产生了重要影响。而可视化研究是一个新兴学科,它展现了一个迄今为止高度非结构化的研究领域,如人机交互、平面设计、管理、建筑等。

当我们理解了什么是可视化以后,信息可视化便不难懂了。确切地说,信息可视化是一个过程,它将数据、文字、图像转化为一种形象化的视觉表达形式,即通过特征性抽离、提炼、整合,将这些内容转化为人们需要的信息,进而充分利用人们对可视模式快速识别的自然能力,以形象化的姿态呈现给读者,如图1.10所示。这个传达过程也可以看成一个视觉化思考过程,它为阅读者建立起整个知识的逻辑性,简化复杂文络,直接且有重点地带领阅读者思考,目的是利用图形化的信息可视方法,用平易近人、易于理解的方式向受众传达一定的内容信息,提高人们对抽象信息获取的最大能力。

接下来,我们看一下在进行信息可视化呈现的过程中,所需要遵循的信息可视化的设计要素。

(1)信息内容充实、精简。原始数据的信息量大、资料繁多,假如直接将这些内容铺放给阅读者,立刻会给阅读者带来视觉疲惫的感觉,在阅读过程中会有许多读者因失去耐心而停止接受信息。即使艰难地完成阅读也会浪费读者大量的时间与精力,人类大脑在面对复杂信息的时候,会自动提取它认为有用的信息,但提取到的是否确实是重要信息是由每个人不同的认知水平决定的。信息可视化就是要在设计的过程中提炼出重要内容,使处于不同认知水平的人们,可以用最短时间获取到重要信息。由此可见,信息可视化最重要的一个因素就是要用充实而又精简的内容来甄别、筛选重要的信息,这个要素的宗旨就是言简意赅。这里我们举一个例子,表 1.1 所示为我们从国家统计局官网获取的我国不同地区城市的固定资产投资总额、地区生产总值、最终消费支出、消费者价格指数。

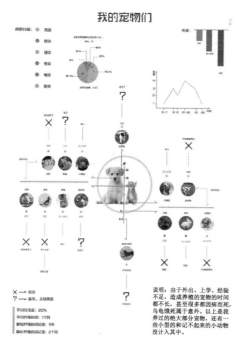

图 1.10　信息可视化设计(示意图)

表 1.1　我国不同地区的经济情况

地区	固定资产投资总额/元	地区生产总值/元	最终消费支出/元	消费者价格指数/元
山东	11111.4	22077.4	9515.7	101.8
江苏	10069.2	21645.1	9005.6	101
广东	7973.4	26204.5	12892.8	101.6
浙江	7590.2	15742.5	7435.9	101
河南	5904.7	12496	6209.9	101.3
辽宁	5689.6	9251.2	4126.5	101.2
河北	5470.2	11660.4	4987.3	101.7
四川	4412.9	8637.8	4824.9	101.2
上海	3900	10366.4	5079.8	102.3

续表

地区	固定资产投资总额/元	地区生产总值/元	最终消费支出/元	消费者价格指数/元
安徽	3533.6	6148.7	3384.9	100.9
内蒙古	3363.2	4791.5	2096.2	100.8
湖北	3343.5	7581.3	4297.7	101.6
北京	3296.4	7870.3	4205.2	101.4
湖南	3175.5	7568.9	4613	101.9
福建	2981.8	7614.6	3765.9	101.2
江西	2683.6	4670.5	2372.9	101.3
吉林	2594.3	4275.1	2137.6	101.5
陕西	2480.7	4523.7	1871.5	101.5
重庆	2407.4	3491.6	2047	101.2
陕西	2255.7	4752.5	2251.9	101.3
黑龙江	2236	6188.9	2961.2	101.9
云南	2208.6	4006.7	2615.8	101.5
广西	2198.7	4828.5	2803.2	101.5
天津	1820.5	4359.2	1763.1	102.4
贵州	1197.4	2282	1824.8	101.7
甘肃	1002.6	2276.7	1387.9	101.2
海南	423.9	1052.9	547.3	101.5
青海	408.5	641.6	423.5	101.6
西藏	231.1	291	150	102

我们想通过这些数据找到哪个城市具有核心竞争力,但由于数据过多,往往不能从数据中直接看到结果,于是我们通过可视化的方法化繁为简,利用简单的气泡图来找到具有核心竞争力的地区,如图 1.11 所示。在图 1.11 中,我们以横坐标代表固定资产投资总额,纵坐标代表地区生产总值,以气泡的大小代表最终消费支出。不难发现,在这张图中越靠右上角同时气泡越大的数据点,代表整个城市的竞争力越强。于是我们可以轻松地找到,广东、山东、江苏几个地区具有核心竞争力,而安徽、四川等地区的整体实力则相对较弱。

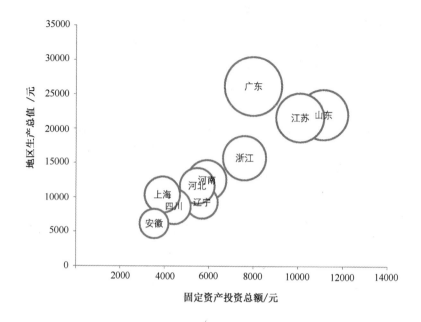

图 1.11 我国不同地区的经济情况——信息可视化

（2）信息图形美观恰当。美好的事物历来是建立两个陌生关系的第一通道，美的东西总是能够吸引人们的目光。在对信息进行视觉化的设计时，美观的图形可以给人们带来兴趣，让人们产生好奇心，拉近阅读者与信息内容的距离，使读者在主观上更愿意进一步了解设计者想要传递的信息与内容。这里我们举一个例子，在 2017 年热播的电视剧《人民的名义》中，几个主要人物让人印象深刻，如侯亮平、高育良、祁同伟、蔡成功、欧阳菁等人，我们现在想通过一定的可视化方法把电视剧中复杂的人物关系呈现出来。做社交网络可视化分析，不得不提的是 Gephi 这个软件，Gephi 是一款开源免费跨平台基于 JVM 的复杂网络分析软件，主要用于各种网络和复杂系统，动态和分层图的交互可视化与探测开源工具。现在我们采用 Gephi 把电视剧中的人物关系呈现出来，如图 1.12 所示。在图中，我们以节点代表人物，以节点之间的连线代表人物之间的关系，同时在连线上端以文字方式标识出人物之间的具体关系，用节点的颜色表示节点的中心度指标，即越具有复杂关系的人物越具有核心位置，从图 1.12 中我们不难发现，侯亮平、高育良、陈海、祁同伟等人是电视剧中的主要人物，而蔡成功、欧阳菁、季昌明、钟小艾等人则是电视剧中的配角。通过这种方法呈现，固然可以清晰简明地传导出复杂网络中的结构,但是并没有实现可视化过程中要求的图形美观。

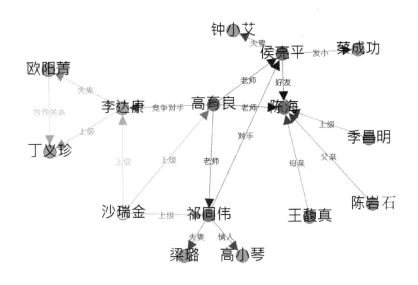

图 1.12 基于 Gephi 实现的社交网络可视化

现在,我们采用另外一种方法,即采用 Excel 中的插件 NodeXL 来呈现电视剧中的复杂人物关系,如图 1.13 所示。我们对比前后两张社交网络图会发现,通过 NodeXL 实现的社交网络效果更加生动有趣,它不仅表达出了人物间的关系,更重要的是每个节点不再是枯燥无味的气泡,而是换成了人物的脸谱。同时,当我们用鼠标单击到某个关键人物时,与该人物具有紧密关系的人物及其关系也会突出显示。通过这个例子我们会发现,可视化居然可以呈现得如此栩栩如生。

(3)信息视觉层次分明。建立分明的视觉层次可以分为两个方面,一是要有符合人类视觉习惯的版式,比如从上到下或从左至右的视觉走向;二是将信息分类排序,建立一个清晰的路径,让阅读者轻松地找到想要寻找的内容,这类似导视的功能。这里我们来看一个例子,在 2008 年美国总统大选过程中,有两位重要候选人——奥巴马和麦凯恩,两位重要人物分别是民主党和共和党的参选人,我们想通过可视化把民主党对奥巴马、共和党对麦凯恩的支持情况呈现出来。我们用蓝色代表民主党,用红色代表共和党,可视化的结果显示,红色占据地图的大部分面积,这意味着红色代表的共和党拥有多数选票。然而大家都知道,2008 年的美国总统大选，奥巴马最终获胜，当选美国总统。那可视化为什么得到了完全相反的结果呢？

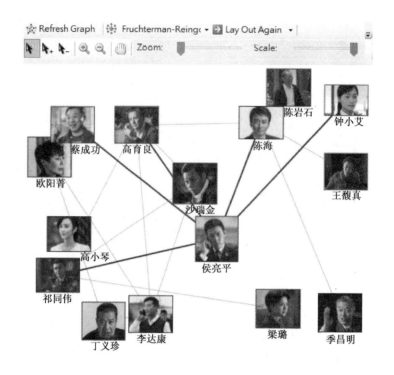

图 1.13　基于 NodeXL 实现的社交网络可视化

原因在于，地图上色块大小由地理面积决定，不能反映真实权重（选票）。类似地，跨国公司可能会利用这种手段夸大自己在国外的经营情况。一家只在某国几个城市有业务的公司，可能会在报告财务指标时将整个国家涂上颜色。我们重新绘制图形，用地图上的气泡大小来反映人口数量，可以发现蓝色气泡逐渐占据主导。地广人稀的地区不再呈现整片红色，而是零星的小红点。这时我们会发现，民主党人数远远超过共和党人数，可视化结果与事实相符。

（4）信息逻辑条理明确。在人类的认知世界中，人们的视觉易与感知连续的内容形成完整的知识树，而对于碎片化的知识则相对较难。所以，信息可视化设计的成功，必须有清晰且连贯的逻辑布局。比如，当你画一个饼状图、堆叠柱形图或堆叠面积图时，所有数字的总和加起来应该是 100。听上去这种简单的错误似乎根本没必要指出，但读者一定会感到惊讶，因为人们经常犯这样的错误。图1.14是来自福克斯新闻的一张图片，你能看出有什么问题吗？这三个扇形的数字加起来不是100%而是193%。在该调查中，很可能是允许一人投多票的，因此饼状图很明显不能体现这一数据的正确选择。另外，如果读者不读这些数字，只是观察饼状图的大小，就会有这样一个印象：每位候选人得到的支持都是近三分之一，这又是一个错误的结论。为了避免这样的错误，作者要仔细检查图中的数字并确保自己使用了标准的工具。标准的工具不会做出这样的错误饼状图。

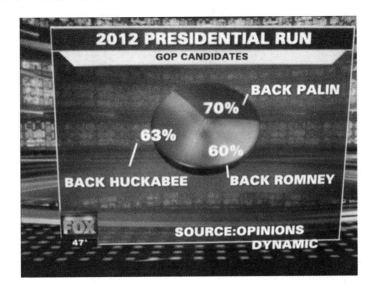

图1.14　福克斯新闻中错误的统计图表

（5）可视色彩鲜明合理。数据可视化是一个用各种视觉变量把数据进行编码、再现的过程，如把数据转换成位置（散点图）、长度（柱形图）、面积（比例面积图）、颜色（热力图）等。其中，颜色是所有视觉变量中最富于变化的一种。在色彩学上计算出来的色彩数大约有750万种，一般人可以分辨出3000~5000种颜色。色彩主要分为色相、纯度和明度三大要素，如图1.15所示。色相，即色调，红色、黄色、绿色、蓝色、紫色是五大主色。纯度，即饱和度，指色彩的纯净程度，纯度越低越接近灰色。明度，即亮度，指色彩的敏感程度，明度越高越靠近白色。

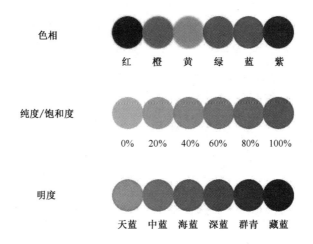

图 1.15　色彩的分类（示意）

在可视化作品中，设计者往往会有一定的颜色偏好，形成一定的颜色"风格"。实际上，颜色不仅塑造了作品的风格，还包含很多"隐喻"。颜色利用得当，会给整个作品加分不少，否则那些吸引人的色彩可能会毁掉整个可视化作品。《美国水资源协会杂志》利用可视化方法展示了美国各州水资源蒸散总量情况，然而由于色相差异与实际数据差异不匹配，导致可视化中的颜色陷阱。这幅图运用了很多颜色，视觉上也很美观。但是图中有一个比较严重的问题，它将美国划分为两个部分，右边是深绿色和蓝色，而左边是浅绿色、黄色和橙色，因为左边和右边的颜色色相相差较大，很容易使读者认为美国东西部水资源蒸散总量情况相差很大。而实际上，色相变动非常大的部分对应的数值变动非常小。这幅图很容易误导读者，读者会根据色相的差异判定美国东西部水资源蒸散总量情况差异非常大，然而事实并非如此。

总之，信息可视化所呈现的内容不仅是数据的罗列，而是一个完整的系统，一个包含数据分类、逻辑关系、阅读习惯和视觉体验的系统，任何数据和信息在进行可视化展示后，都应该是生动有趣且富有亲和力的。可视化分类法被用来实现用户需求与相关可视化技术的匹配。在研究人员进行可视化技术的研究，以及用户进行可视化方案的设计时，首先应确定用户需求，然后以可视化分类法为指导，从现有的可视化方法中选取合适的可视化方法。

1.2 "看"信息时代的科学与艺术

当我们认为一个可视化效果很美时,这个"美"与传统意义上的审美判断是否有所不同?任何一个优秀的可视化效果,都需要通过科学和艺术的融合来诠释。科学世界是奇特的,由于人们无法直接感知它,所以只能借助各种实验事实、客观现象,靠思维和数学去想象它、把握它。科学中有美吗?至少在大多数人的印象中,科学与美是完全无关的两个名词。我们无法将刻板的事物与美联系在一起,但现代科学发展的事实和科学家的努力告诉我们:科学家与艺术家都在努力追求着美。科学之美属于广义的社会文化美,它是审美存在的一种高级形式,是在理性探索未知的活动和最终的科研成果中所具有的审美价值形式。科学活动的每一次成功发现和每一项创造发明,都会给人们带来精神上的满足和情感上的愉悦,这就是科学之美。

1.2.1 可视化的艺术性以科学为支撑

我们来看一个通过 Tableau 软件实现的数据可视化作品,如图 1.16 所示。图中可以看到三个板块,最左方是节目收视板块,这里以柱形图的形式呈现,横坐标代表不同的频道,如 CCTV-1、CCTV-2、安徽卫视、浙江卫视等,纵坐标代表对应频道不同节目的收视时长,颜色越深说明节目的收看时间越长,能进一步说明用户喜欢收看这类节目。最右方是用户偏好板块,这里以词云图的方式呈现,我们把不同节目打上扁平化标签,如内地、爱情、国语、娱乐、言情、真人秀等,用户越喜爱某类节目词云所代表的节目类型字体越大、颜色越深。最下方是个性化节目推荐板块,这里以 TreeMap 的方式呈现,以色块的深浅代表向用户对节目的推荐度高低,如果用户对某类节目的偏爱度极高,那么后台越倾向把相似类型的节目推荐给用户。

在上面这个可视化作品中，蕴含着丰富的科学奥秘。我们以最下方的个性节目推荐板块为例进行分析，从图 1.16 中我们可以很直观地看到后台为观众推荐节目的倾向性，其中包括综艺类节目、电视剧类节目、电影类节目、新闻类节目等，每类节目所对应的矩阵还可以进一步分割成若干个小矩阵，这些小矩阵对应某类节目中具体节目推荐情况的占比。当把鼠标移到具体的某个节目上时，我们可以进一步看到节目在哪些频道播出、什么时间播出、推荐度，以及为什么推荐这个节目等情况。这是一个非常典型的 TreeMap 可视化应用，TreeMap 适合展现具有层级关系的数据，能够直观体现同级之间的比较。

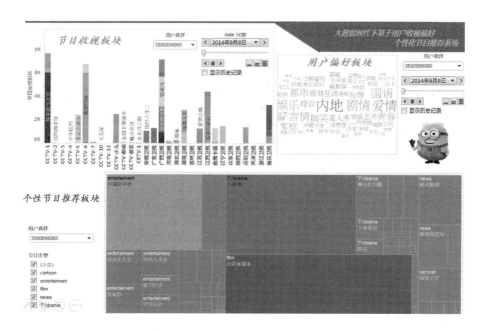

图 1.16　基于 Tableau 的节目收视分析可视化作品

TreeMap 作为一种可视化的重要应用，可以将原本具有树状结构的几何关系转化为平面空间矩形的形式，适合表现具有层级关系的数据，就像地图一样能指引我们发现数据背后的故事。比如，上面的个性节目推荐板块中原始数据结构如图 1.20 所示，可以想象，如果使用这样的树状结构展示个性节目推荐情况会多么低效，并且还会损失很多信息。

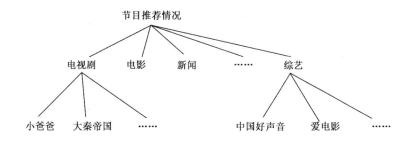

图 1.17　个性节目推荐情况——TreeMap

TreeMap 完全体现出了科学与艺术的融合之美：在视觉上呈现出了一种秩序的美感，背后有成熟的布局算法支撑。TreeMap 由马里兰大学教授 Ben Shneiderman 于 20 世纪 90 年代提出，起初是考虑人类视觉对于面积的识别能力较弱，尤其是在对比细长矩形面积时尤为困难，为了达到最佳的可视化效果，提出了基于 Squarified 算法的 TreeMap 可视化视图，如图 1.18 所示。Squarified 算法

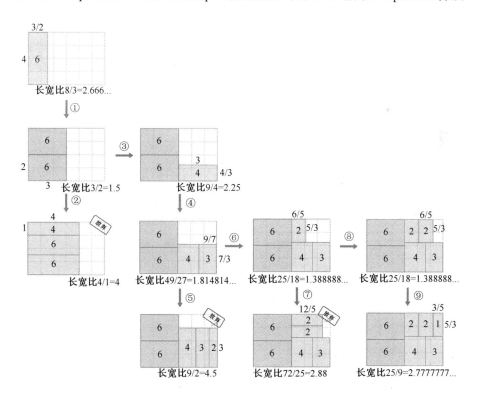

图 1.18　Squarified 算法流程图

的核心思想是计算最新放置矩形的长宽比，使计算出的矩形尽量接近正方形，以达到最佳的可视化效果。长宽比越接近 1 则矩形越接近正方形；当长宽比偏离 1 时，则视为放弃，需重新调整矩形的插入位置。图 1.18 向我们展示了 Squarified 算法在一个面积为 24 单位的区域中划分 6、6、4、3、2、2、1 单位矩形的方法。TreeMap 的案例向我们展示了技术与艺术的一种融合形式，同时也说明科学家与艺术家一样，都要以自己敏锐的直觉和无穷的智慧探求大自然和人生命历程中的美。

1.2.2 可视化的艺术效果使科学更具魅力

数据可视化借助图形化手段，清晰有效地传达和沟通信息。但这并不意味着，数据可视化就一定会因为要实现其功能用途而令人感到枯燥乏味。现代著名美学家宗白华先生在《略谈艺术的"价值结构"》一文中说道，艺术至少是 3 种主要"价值"的结合体：①形式的价值，就主观感受言，即"美的价值"；②抽象的价值，就客观言，为"真的价值"，就主观感受言，为"生命的价值"（生命意趣之丰富与扩大）；③启示的价值，启示宇宙人生之最深的意义与境界，就主观感受言，为"心灵的价值"，心灵深度的感动，有异于生命的刺激。

这说明，数据可视化的艺术价值应首先表现为审美价值。审美因素在艺术创作过程的各个环节都不可或缺，是艺术价值结构中最关键、最有魅力的层面，艺术作品如果不经由审美价值而实现了其他价值，那么这类作品就不应归于艺术范畴。

我们来看一个节目类型可视化的案例，根据《中国电视节目分类体系》，电视节目标签体系包括节目类型、结构类型、面向领域、节目基调、影视剧情节、热词、体育项目、娱乐领域、综艺节目细分、戏剧类型、财经分类等 18 个模块。其中，节目类型有 3 个级别，从较为严谨、全面的角度将电视节目分为 4 个大类、53 个二级分类与百余个三级分类。除节目类型模块之外，其余模块均为一级分类，致力于多维、灵活地标注电视节目形式，如表 1.2 所示。

表 1.2　电视节目标签体系

标签类型	包含级别	主要内容
节目类型	三级	根据节目类型，将节目分为四大类，53 个二级分类，百余个三级分类
结构类型	一级	根据节目制作形式，设置 10 个标签，如综合节目、专题节目等
面向领域	一级	根据节目面向的不同专业领域，设置 12 个标签，如财经、体育、科教等
节目基调	一级	根据影视节目的整体基调，设置多个标签，如浪漫、温情、震撼、惊悚等
影视剧情节	一级	根据影视节目的主要情节，设置多个标签，如谍战、家庭、穿越、灾难、爱情等
热词	一级	跟踪时事热点，保持与时俱进，设置时事热点的关键词，如奥运会、春节联欢晚会、中国好声音等
体育项目	一级	根据节目内容中包含的体育项目，设置多个标签，如田径、乒乓球、羽毛球、拳击、赛车、棋牌类等
娱乐领域	一级	根据节目内容中涉及娱乐主题，设置多个标签，如电影、电视、明星等
综艺节目细分	一级	根据节目内容中涉及的传统综艺节目类型，设置多个标签，如相声、曲艺等
戏剧类型	一级	根据节目内容中戏剧的所属戏种，设置多个标签，如京剧、越剧、话剧等
财经分类	一级	根据节目内容中财经内容侧重点，设置多个标签，如宏观、民生、理财等
……		

基于节目与节目类型之间的复杂关系，我们通过可视化的方法来进行呈现，如图 1.19 所示。我们把节目大类作为作品的导航栏，包括电视剧、电影、综艺、新闻、青少年、其他。当我们单击某个节目大类时，可以看到在该类节目中热映的一些节目（用灰色的节点来表示），以及这些节目所具有的节目属性（用蓝色的气泡来表示，气泡上的文字标识节目属性），如对于电视剧类节目，热映的节目有《射雕英雄传》《夏家三千金》《暗花》等，节目的属性有剧情、爱情、国语、动作、偶像、都市等。当我们单击某个节目时，又可以看到节目与节目属性之间的关系，如《夏家三千金》属于爱情、都市、家庭、伦理类节目；当我们单击某个节目属性时，又可以把具有这种节目属性的节目都找到，如当我们单击带有古装属性的气泡时，可以把《射雕英雄传》《神雕侠侣》《鹿鼎记》等显示出来。乍看之下，这张图非常复杂，各种节点混杂在一起，令人眼花缭乱。但对于影视从业人员而言，这个作品就好似一个强大的数据库，通过这张图可以洞察蕴含在其中的大量信息，找到当前所有影视作品之间的复杂关系。

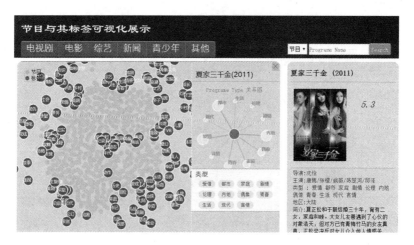

图 1.19　节目与节目标签可视化展示图

可视化一般有两个目的，即解释（explanation）和探索（exploration）。解释（explanation）是指对数据进行简化，便于与读者交流；探索（exploration）是指发现数据中存在的特殊部分，并对未来进行有针对性的预测。基于节目与节目类型复杂关系的可视化作品，一方面通过构图、色彩、创意、版式，让人能够感受融媒体时代下节目的丰富多彩；另一方面可以通过可视化的艺术效果，使科学更具魅力，呈现出复杂网络中数据的价值。

1.3　设计师应该怎样"看"

新媒体技术不断发展，它不仅改变了人们的生活方式，还改变了人们的阅读习惯和思维方式，这也给设计师带来了更大的挑战和机遇。因此，如何在大数据猛然到来时，迅速转化思维方式，用新的技术处理方式来分析、处理，并展示出符合时代要求的信息可视化作品尤为重要。本节从数据可视化设计师的工作流程入手，即"灵感库的搜索与建立—结果的整理与优化—资源的迭代与更新"，提取出可视化的重要方法和手段。

1.3.1 灵感库的搜索与建立

在数据可视化的过程中,首先需要设计师建立灵感库,而灵感库的建立大体上可以分为主动和被动两种。主动,是我们有意识地收集、整理相关作品素材,形成灵感库的过程;被动,是指通过朋友圈的好友分享、同行推荐等获取灵感的方法。因为后者更不可控,且影响因素较多,如人们所处的圈子、社交网络使用习惯等都会影响被动获取的质量,所以通过主动方式去搜索和建立灵感库更为关键。搜索是主动获取信息最主要的手段,每天我们通过各类关键词在各类 App 上获取各种各样的服务、产品和资源。灵感的主动收集就是一个通过关键词搜索,然后分类、整理、研究、再利用的过程。所以影响灵感收集的主要因素其实就是我们能不能用好搜索。不同的搜索方法、渠道、关键词极大地影响着我们获取的信息的质量。如图 1.23 所示,同样的关键词在不同的搜索渠道,得到的内容质量是不同的。

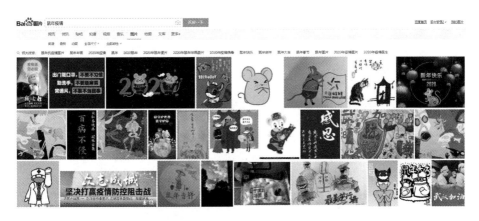

图 1.20　关键词在不同搜索渠道的检索结果

1. 第一步:明确检索目标和方向

互联网存在海量的数据信息,为了提升探索效率,在最短的时间内找到有价值的信息,我们首先要明确检索目标和方向,如要检索与"数据可视化"相关的信息,当我们把思路局限在"可视化"这个关键词后,发现检索到的内容有限,往往都是之前见过的一些作品。为了获取信息思路和灵感，我们可以把"大数据可视化"进行解析，大即大屏，数据是指内容或数据类型，可视化是指可视化方法手段或设计风格，这几个词放在一起我们又要考虑基于什么场景进行可视化设计，当拓展了思路后再进行检索，自然可以检索到更多的内容，如图 1.21 所示。

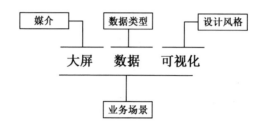

图 1.21　明确检索目标和方向

2. 第二步：确定检索场景

合适的关键词是第一步，它保证了检索结果的有效性，而去哪儿检索决定了检索结果的质量。针对数据可视化，设计师经常进行检索的区域包括设计网站、产品或服务商、设计师或工作室、视频网站等，如图 1.22 所示。设计网站，是设计师检索内容最常用的，往往要根据检索主题确定目标网站，如想检索游戏的插画或画面时，可以选择 CG 部落；想检索 logo 设计素材时，可以选择 logo faves、caption ICON 等网站；想检索背景素材、高清图片时，可以选择 500px、Magdeleine 等网站。总之，这些网站有大量素材可供设计师使用。

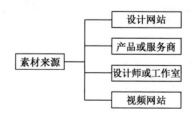

图 1.22　确定检索场景

除设计网站以外，向产品或服务商寻求帮助也是设计师搜索内容、寻找灵感的一个高效方法。企业要证明自己的实力、让潜在客户了解自己，必然会利用大量资源做营销推广，而最常见的推广落脚点就是企业官网。很多做数据可视化的公司，会在官网展示一些能体现自己业务特点、业务实力的案例，这些案例就是这些企业最好的数据可视化设计作品。所以企业官网的案例展示基本都是其最典型、最好的设计，从这些案例中找灵感也是一个有意思且有效的方法和途径。

当在设计网站、产品或服务商处都不能找到所需要的灵感时，就要向高手请教了，何为高手，这里指独立的设计师或工作室。之所以称其为高手，是因为独立的设计师在设计能力、个人品牌建设、客户维护、运营管理等方面都有比较硬核的水准；而工作室更是由一些知名设计师组成的团队，无论在技术水平还是管理能力上都可以达到专业水准。他们懂得客户的需求，具有多年的工作经验，如果向这些人寻求帮助，一定可以起到事半功倍的效果。

3. 第三步：建立高效的检索方法

前面介绍了检索什么（关键词），去哪儿检索（合适的素材来源），那么如何高效便捷地找到所需要的内容呢？在检索过程中，很多人基于关键词寻找内容，找不到满意的结果就换一个关键词，或者换一个素材源重新进行检索，这样很容易造成关键词浪费，会出现关键词用完了但是依然没有找到好灵感的困局。我们的目标是尽可能少地单击搜索按钮，且尽可能多地找到符合自己预期的有质量的作品。对于怎样检索，我们介绍一些具体的方法，如图 1.23 所示。方法一，在快速浏览过程中，看到感兴趣的内容就把它标记到新的页面中，等所有浏览查看结束后再细看每个项目，并对项目做进一步的分类与整理。方法二，很多素材网站在用户上传作品时，都会给作品添加一些标签，这些标签的作用就是帮助网站对作品进行分类，我们单击某个标签就能看到使用了同一个标签的所有作品，可以利用作品标签聚合同一主题的作品，并集中浏览。方法三，在作者的主页上方，除作者的作品外，我们往往可以看到作者关注的其他设计师，以及作者收藏和推荐的一些其他作品，优秀的设计师具有优秀的审美和职业方向，于是我们可以按图索骥，找到相关作品来寻求灵感。

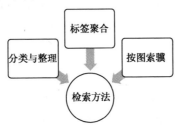

图 1.23 建立高效的检索方法

1.3.2 结果的整理与优化

利用前面的检索方式，我们已经找到了不少满意的作品，接下来我们需要再对这些作品进行简单的筛选整理，把真正符合需求的作品整理出来。在结果的整理过程中，可以使用收藏夹的方法，把收集到的内容进行分门别类的管理，同时可以给不同内容赋予优先级，在后期使用的过程中，可以优先找到有价值的信息。另外，我们需要对检索到的内容进行过滤和优化，很多内容可能千篇一律，这时我们可以比对不同素材的内容，删掉冗余信息或干扰信息。在进行内容比对时，需要针对素材内容使用具体的方法，当素材是图片时，可以使用模式识别的方法，利用图片间的相似度进行图片筛选；当素材是文字信息时，可以使用自然语言处理，对文字内容进行分词，找到文章中的核心关键词，对没有价值的文字内容进行删减。总之，要利用科学的手段对结果进行整理和优化。

1.3.3 资源的迭代与更新

如果把收藏的内容比作云盘里的资源，那么资源并不是越多越好，无论哪种类型的内容，当内容很多的时候找起来都会比较麻烦。我们需要坚持做一些工作来不断减少资源的数量、提高资源的质量，少而精是最好的状态，如此就不需要花很多时间去找某个内容，而已有的内容又都能很好地满足需求。要做到这点，我们需要给资源做迭代，所谓迭代就是去掉过时的内容，添加新的、更好的内容。每隔一段时间，回头翻一翻之前收藏的作品，会发现有些作品已经过时了，因为在灵感收集的过程中，人们的审美自然会有所提高，当输入的作品样本越来越多时，人们对作品评价的维度也会更多，之前那些觉得很好的作品，现在看来也就会发现有缺陷和不足，这是一个很正向的结果，成长就是一个不断剔除的过程，删掉那些自己觉得不满意的作品，添加更符合自己当前审美的作品。迭代还意味着我们需要对收藏夹的标签进行维护，对于那些命名与内容不大匹配的收藏夹，要及时更新更恰当的命名。通过资源的迭代和更新，使我们创作的灵感可以跟上时代的步伐。

第二章
你是否对数据可视化很陌生

在上一章的内容中,我们给大家介绍了读图时代呼唤信息可视化的到来,信息可视化是一种艺术与技术的结合,在信息可视化过程中我们要换个角度看世界。在可视化分析学中,一个重要的领域就是数据可视化,那么究竟什么是数据可视化呢?数据可视化设计是一个跨学科、跨门类、涉及面极广的前沿科学技术,旨在研究大规模非数值型信息资源的视觉呈现。数据可视化的意义是帮助人更好地分析数据,对由数字罗列成的数据进行分析,使分析结果可视化。其实数据可视化的本质就是视觉对话,数据可视化将技术与艺术完美结合,借助图形化的手段,清晰有效地传达和沟通信息。一方面,数据赋予可视化以价值;另一方面,数据可视化增加数据的灵性,两者相辅相成,帮助企业从信息中提取知识、从知识中收获价值。本章从什么是数据可视化、数据可视化的前世今生、无处不见的数据可视化、数据可视化的未来4个方面,全方位阐述数据可视化的含义和意义,带大家走入数据可视化的海洋。

2.1 什么是数据可视化

数据可视化设计是一个跨学科、跨门类、涉及面极广的前沿科学技术,旨在研究大规模非数值型信息资源的视觉呈现。通过利用图形图像方面的技术和方法,帮助人们理解和分析数据。数据可视化的意义就在于运用形象化的方式把不易被理解的抽象信息直观地表现和传达出来。

数据可视化包括信息图形、知识、科学、数据等的可视化表现形式，以及视觉可视化设计方面的进步与发展。地图、表格、图形，甚至包括文本在内，都是信息的表现形式，无论它是动态的还是静态的，都可以让我们从中了解到我们想知道的内容，发现各式各样的关系，最终达到解决问题的目的。

2.1.1 数据可视化的内涵

为了让大家对数据可视化有更清晰的认识，我们首先看澎湃新闻数据可视化的一个小作品，如图 2.1 所示。作品中展示了如何利用数据可视化技术盘点诺贝尔奖获得者的迁移趋势：哪些国家是最强的人才孵化地？居里夫人 1867 年生于波兰华沙，她 24 岁时去巴黎求学，后留在巴黎从事科学研究，直至 1934 年病逝。在法国的研究使她先后获得了诺贝尔物理学奖和诺贝尔化学奖，也是历史上第一个两次获得诺贝尔奖的人。我们想表现诺贝尔奖获得者的出生地与获奖时居住地的情况，可以流线地图的方式直观地看到某个时间段内人才的流动情况。我们通过数据可视化进一步分析出：诺贝尔奖获得者出生于 80 多个不同的国家和地区，但最终获益较多的是美国、英国、德国等，这些国家通过各种福利政策吸引人才，成为人才的输入地。

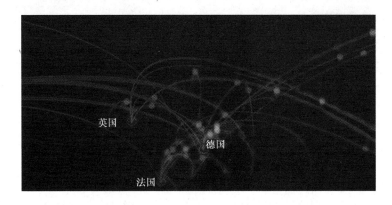

图 2.1 诺贝尔奖获得者迁移趋势可视化图

如何才能把数据通过可视化的方式呈现出来？

在诺贝尔奖获得者迁移趋势可视化图制作过程中，有两个重要的步骤：一是获取所需的数据，我们可以通过互联网爬虫技术从诺贝尔奖官网抓取诺贝尔奖历年来的获奖者信息（见图 2.2）；二是如何把数据呈现出来，这需要采用一些特殊的工具和手段。数据可视化小视频可通过 Processing、Adobe Premiere、Adobe Effect 共同实现，Processing 是一种网页编程语言，它可以很好地展现诺贝尔奖获得者的迁移趋势（见图 2.3），Adobe Premiere 用来制作视频，制作过程中还需要利用 Adobe Effect 做效果的渲染。

图 2.2　诺贝尔奖历年来的获奖者信息

读者一定会问，这种视频是否一定要通过编程才能实现呢？当然不用！

数据可视化是否就等同于数据+工具，当获取到我们所需的数据，手头又有一定的工具时，我们是否就可以实现这种效果了呢？答案也是否定的，这离我们的可视化技术还相差甚远。

那么究竟什么是数据可视化呢？数据可视化有各种各样的呈现形式，可以通过手机 App 呈现一些重要的信息，也可以通过网页实现不同的报表和图形，同时融入一些交互效果，通过信息图表现我们要表达的观点，通过 Gif 动画突显数据的形象和生动,以引起客户的关注,如图 2.4 所示。

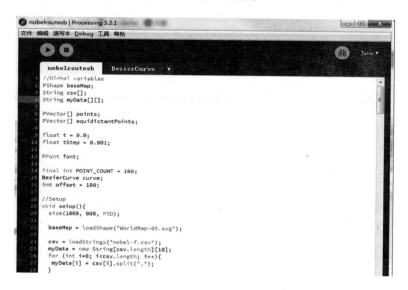

图 2.3 可视化工具 Processing 编程实现

图 2.4 数据可视化的呈现形式

维基百科是这样定义数据可视化的:它是指一种表示数据或信息的技术,它将数据或信息编码为包含在图形里的可见对象,如点、线、柱等,其目的是将信息更加清晰有效地传达给用户,是数据分析或数据科学的关键技术之一。简单地说,数据可视化就是以图形化的方式表示数据。决策者可以通过图形直观地看到数据分析结果，从而更容易理解业务变化趋势或发现新的业务模式。使用可视化工具，可以深入研究图形或图表，以进一步获得细节信息，交互式地观察数据的改变或处理过程。

数据可视化并不仅是一门技术，同时还融入了很多艺术元素，如图 2.5 所示。对于同一类数据，我们可以用柱形图、饼状图、条形图、散点图等几十种不同的图形呈现，但是究竟如何呈现才能得到最好的效果，这就要求我们要懂得图形间的关联和互动，懂得如何使用渲染达到最理想的效果，把数据清晰美观地呈现出来。

图 2.5　数据可视化是技术与艺术的融合

在数据可视化的海洋中，我们需要换个角度看世界，如图 2.6 所示。如果你是产品设计经理，那么数据可视化技术是你表述思想的工具；如果你是设计人员，那么数据可视化是一种视觉传达的表现形式；如果你是开发者，那么数据可视化是一种信息编码的方式。

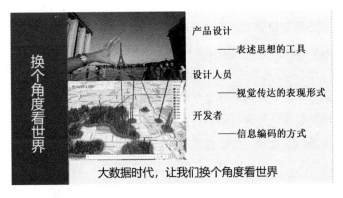

图 2.6　我们需要换个角度看世界

在我们的工作和生活中，数据可视化扮演着重要的角色。数据可视化包括什么呢？实际上，在现实生活中，数据可视化包括科学可视化和信息可视化两个方向。科学可视化主要关注的是三维现象的可视化，如建筑学、气象学、医学或生物学方面的各种系统，重点在于对体、面及光源等进行逼真渲染。信息可视化旨在研究大规模非数值型资源的视觉表现，以及利用图形图像方面的技术和方法，帮助人们理解和分析数据。

最后再来看看为什么要进行数据可视化。在大数据时代,数据具有 4V 特征,即数据量大、类型繁多、价值密度低、速度快时效高。这就要求我们要在第一时间把数据背后隐藏的重要信息呈现出来，这就需要我们进行数据可视化。对于我们自身，探索性数据可视化强调为多维数据的快速切换提供背景，帮助自己寻找复杂数据中最精华的过程、结构、关系等。对于我们的领导和客户，解释性数据可视化强调对信息的准确梳理和表达，帮助其他人理解复杂的过程、结构、关系等。

2.1.2 数据可视化的意义与分类

人眼是一个高带宽的巨量视觉信号输入并行处理器，它的最高带宽速率为 100Mb/s，人眼具有很强的模式识别能力，对可视符号的感知速度比对数字或文本的快多个数量级，且大量视觉信息的处理发生在潜意识阶段。其中的一个例子是视觉突变：在一大堆灰色物体中，人眼能瞬时注意到红色的物体。由于在整个视野中的视觉处理是并行的，所以无论物体所占空间是大还是小，这种突变都会发生。视觉是获取信息的重要渠道，超过 50%的人脑功能用于对视觉的感知，包括解码可视信息、高层次可视信息处理和思考可视符号。在计算机学科的分类中，利用人眼的感知能力对数据进行交互式的可视表达以增强认知技术，称为可视化，可视化将不可见或难以直接显示的数据转化为可感知的图形、符号、颜色、纹理等，以增强数据识别效率，传递有效信息。例如，表 2.1 中 4 个数据集的均值、回归方程、残差平方等属性均相同，因而通过传统的统计方法难以对它们进行区分，但若将它们用图形的方式来呈现时，就可以迅速地在数据中发现它们的不同，如图 2.7 所示。

表 2.1 样本数据 ($x_1 \sim x_4$)

x_1		x_2		x_3		x_4	
x	y	x	y	x	y	x	y
10	8.04	10	9.14	10	7.46	8	6.58
8	6.95	8	8.14	8	6.77	8	5.76
13	7.58	13	8.74	13	12.74	8	7.71
9	8.81	9	8.77	9	7.11	8	8.84
11	8.33	11	9.26	11	7.81	8	8.47
14	9.96	14	8.1	14	8.84	8	7.04
6	7.24	6	6.13	6	6.08	8	5.25
4	4.26	4	3.1	4	5.39	19	12.5
12	10.84	12	9.13	12	8.15	8	5.56
7	4.82	7	7.26	7	6.42	8	7.91
5	5.68	5	4.74	5	5.73	8	6.89

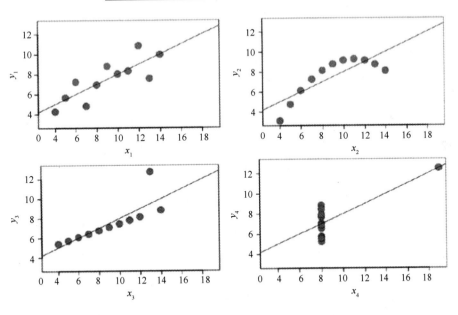

图 2.7 基于样本数据 ($x_1 \sim x_4$) 的散点图

简单地说，可视化借助人眼快速的视觉感知和人脑的智能认知能力，可以起到清晰有效地传达、沟通并辅助数据分析的作用。现代的数据可视化技术综合运用计算机图形学、图像处理、人机交互等技术，将采集或模拟的数据变换为可识别的图形符号、图像、视频或动画，并以此呈现出对用户有价值的信息。用户通过对可视化的感知，使用可视化交互工具进行数据分析，并获取知识，进一步将知识提升为自己的智慧。

数据可视化的处理对象是数据，自然地，数据可视化一定包括处理科学数据的科学可视化，以及处理抽象的、非结构化信息的信息可视化两个分支。广义上，面向科学和工程领域的科学可视化研究包括带有空间坐标和几何信息的三维空间测量数据、计算模拟数据和医学影像数据等，重点是探索如何有效呈现数据中几何、拓扑和形状特征。信息可视化的处理对象则是非结构化、非几何的抽象数据，如金融交易、社交网络和文本数据，其核心挑战是针对大尺度高维数据如何减少视觉混淆对有用信息的干扰。因此，科学可视化、信息可视化和可视分析学3个学科方向通常被看成可视化的3个主要分支。

科学可视化是可视化领域最早、最成熟的一个跨学科研究和应用领域，它主要面向自然科学领域，如物理、化学、气象学、航空航天、医学、生物学等学科。这些学科通常需要对数据和模型进行解释、操作和处理，旨在寻找其中的模式、特点、关系及异常情况，如图 2.8 所示。科学可视化的基础理论和方法已经相对成形。早期的关注点主要在于三维真实世界的物理化学现象，因此数据通常表达在三维空间、二维空间或包含时间维度，鉴于数据的类别可分为标量（密度、温度）、向量（风向、力场）、张量（压力、弥散），科学可视化也可粗略地分为 3 类。目前，科学可视化的研究主题主要包括 12 个方向，分别是：通用数据可视化、可视化技术与方法、基础理论、交互技术、显示与交互技术、评估、感知与认知、可视化硬件、大数据可视化、系统与方法、科学与工程中的可视化、社会与商业中的可视化。

信息可视化处理的对象是抽象的、非结构化的数据集合，如文本、图表、层次结构、地图、软件、复杂系统等。传统的信息可视化起源于统计图形学，又与信息图形、视觉设计等现代技术相关，其表现形式通常在二维空间，因此关键问题是在有限的展现空间中以直观的方式传达大量的抽象信息。与科学可视化相比，信息可视化更关注抽象、高维数据，这类数据通常不具有空间位置的属性，因此要根据特定的数据分析需求，决定数据元素在空间中的布局。因为信息可视化的方法与其所针对的数据类型紧密相关，所以通常按数据类型分为时空数据可视化、层次和网络结构数据可视化、文本和跨媒体数据可视化、多变量数据可视化几类。目前，关于信息可视化的研究主题主要包括6个方向，分别是：信息可视化技术与交互方法、信息可视化交互技术、信息可视化综合课题、信息可视化方法、评估、信息可视化应用领域。

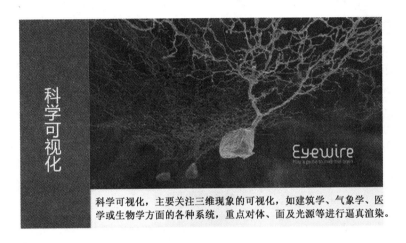

科学可视化，主要关注三维现象的可视化，如建筑学、气象学、医学或生物学方面的各种系统，重点对体、面及光源等进行逼真渲染。

图 2.8　科学可视化

可视分析学被定义为一门以可视交互界面为基础的分析推理科学。它综合了计算机图形学、数据挖掘和人机交互等技术，以可视交互界面为通道，将人的感知与认知能力以可视的方式融入数据处理过程，形成人脑智能和机器智能优势互补、相互提升，建立螺旋式信息交流和知识提炼途径，完成有效的分析推理和决策，如图2.9所示。可视分析学可看成将可视化、人的因素和数据分析集成在内的一种新思路。其中，感知与认知科学研究人在可视分析学中的重要作用；数据管理和知识表达是可视分析构建数据到知识转换的基础理论；地理分析、信息分析、科学分析、统计分析、知识发现等是可视分析学的核心分析论方法。在整个可视分析过程中，人机交互必不可少，它用于驾驭模型构建、分析推理和信息呈现等过程；可视分析流程中推导出的结论与知识最终需要向用户表达、作业和传播。目前，可视分析学的主要研究主题包括9个方向，分别是：可视表达和交互技术，数据管理和知识表示，分析式推理，表达、作业和传播方法，可视分析技术的应用，评估方法，推理过程的表述，允许交互可视分析的数据变换的理论基础，可视分析学的基础算法与技术。

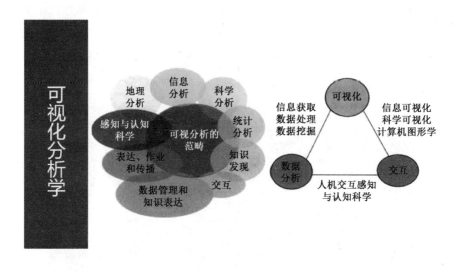

图 2.9　可视化分析学

2.1.3　数据可视化的基本框架

科学可视化和信息可视化分别设计了可视化流程的参考体系结构模型，并被广泛应用于数据可视化系统中。如图 2.10 所示是科学可视化的早期可视化流水线。它描述了从数据空间到可视空间的映射，包含串行处理数据的各个阶段：数据分析、过滤、映射和绘制。这个流水线实际上是数据处理和图形绘制的嵌套组合。

图 2.10　科学可视化的早期可视化流水线

数据可视化流程包括 3 个核心因素，分别是：数据表示与变换、数据的可视化呈现、用户交互。

（1）数据表示与变换。数据可视化的基础是数据表示和变换。为了允许有效的可视化、分析和记录，输入数据必须从原始状态变换到一种便于计算机处理的结构化数据表示形式。通常这些结构存在于数据本身，需要研究有效的数据提炼或简化方法，以最大限度地保持信息和知识的内涵及相应的上下文。有效表示海量数据的主要挑战在于采用具有可伸缩性和扩展性的方法，以便忠实地保持数据的特性和内容。此外，将不同类型、不同来源的信息合成为一个统一的表示，使得数据分析人员能及时聚焦于数据的本质也是研究重点。

（2）数据的可视化呈现。将数据以一种直观、容易理解和操纵的方式呈现给用户，需要将数据转换为可视表示并呈现给用户。数据可视化向用户传播了信息，而同一个数据集可能对应多种视觉呈现形式，即视觉编码。数据可视化的核心内容是从巨大的呈现多样性的空间中选择最合适的编码形式。判断某个视觉编码是否合适要从感知与认知系统的特性、数据本身的属性和目标任务等方面进行。

（3）用户交互。对数据进行可视化和分析的目的是解决目标任务。有些任务可明确定义，有些任务则更广泛或者更一般化。通用的目标任务可分成 3 类：生成假设、验证假设和视觉呈现。数据可视化可以用于从数据中探索新的假设，也可以证实相关假设与数据是否吻合，还可以帮助数据专家向公众展示其中的信息。交互是通过可视的手段辅助分析决策的直接推动力。有关人机交互的探索已经持续了很长时间，但智能且适用于海量数据可视化的交互技术，如任务导向的、基于假设的方法还是一个未解难题，其核心挑战是新型的可支持用户分析决策的交互方法。这些交互方法涵盖底层的交互方式与硬件、复杂的交互理念与流程，更需要克服不同类型的显示环境和不同任务带来的可扩充性难点。

数据可视化的设计可简化为 4 个级联的层次，如图 2.11 所示。简单地说，最外层是刻画真实用户的问题，称为问题刻画层；第二层是抽象层，该层将特定领域的任务和数据映射到抽象且通用的任务及数据类型中；第三层是编码层，该层设计与数据类型相关的视觉编码及交互方法；第四层的任务是创建正确完成系统设计的算法。各层之间是嵌套的，上游层的输出是下游层的输入。嵌套的同时也带来了问题，即上游的错误最终会级联到下游各层。假如在抽象阶段做了错误的决定,那么即使是最好的视觉编码和算法设计,也无法创建一个能解决问题的可视化系统。在设计过程中,这个嵌套模型中的每个层次都存在挑战,如定义了错误的问题和目标;处理了错误的数据;可视化的效果不明显;可视化系统运行出错或效率过低。

这 4 个阶段的优点在于:无论各层次以何种顺序执行,都可以独立地分析每个层次是否已正确处理。虽然 3 个内层同属设计问题,但每层又各有分工。实际上,这 4 个层次极少按严格的时序过程执行,往往是迭代式的逐步求精过程,即对某个层次有了更深入的理解之后,再将其用于指导精化其他层次。

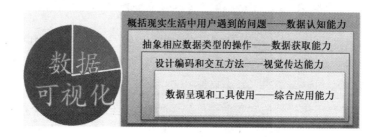

图 2.11 数据可视化涵盖的能力

2.1.4 数据可视化的类型

1. 多维信息可视化

多维信息可视化主要借助图形化手段,清晰有效地传达和沟通信息。为了有效地传达信息,美学形式与功能需要齐头并进,直观地传达关键特征,实现对相当稀疏而又复杂的数据集进行深入洞察。如图 2.12 所示,可以使用柱形图、折线图、饼状图中的一种或几种,来表示数据的分布情况、增长情况或一定时间内的变化趋势,还可以标示不同颜色,达到既直观又美观的信息传达效果。

2. 地理信息可视化

地理信息可视化是运用图形学、计算机图形学和图像处理技术,将地理学信息输入、处理、查询、分析及预测的结果和数据以图形符号、图标、文字、表格、视频等可视化形式显示并进行交互的理论、方法和技术。地理信息系统中的空间信息可视化从表现内容上，分为地图（图形）、多媒体、虚拟现实等；从空间维数上，分为二维可视化、三维可视化、多维动态可视化等。在广电大数据交易实时监控平台中，我们可以看到不同省市广电运营商数据的实时交易情况，在可视化视图中心以迁徙图的形式呈现数据的实时流动。当鼠标移动到某省市时，可以看到过去一个月内有多少省市的广电运营商与本地广电运营商合作过，通过数据交易量、交易积分、交易活跃度等指标计算数据价值。另外，在数据交易过程中，客户的交易信息以区块的形式记录在整个区块链架构中，可进一步保障数据的安全性和可靠性。

图 2.12　多维数据可视化

3. 社交网络可视化

我们能够很容易地看出一个网络内的朋友和熟人，但很难理解社交网络中各成员之间是如何连接的，以及这些连接是如何影响社交网络的，社交网络可视化有助于我们理解这些问题。社交网络可视化不仅可以帮助我们理解人际网络的情况，还可以自定义关联节点，对不同事物之间的关系进行对比和分析，利用可视化工具显示其关联程度。

通过社交网络对频道跳转关系进行可视化，用文字标识出不同的卫视频道名称，用文字大小表示频道间跳转的综合重要性，用线段的方向表示频道间跳转的方向，用线段的粗细表示频道间跳转的频率，如图 2.13 所示。从图 2.13 中不难发现，浙江卫视、江苏卫视、深圳卫视、广东卫视、天津卫视等卫视频道所在的"席位"被观众频繁跳转。

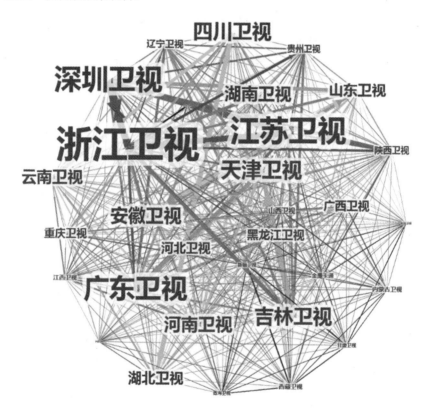

图 2.13　频道跳转关系图（社交网络可视化）

4. 文本可视化

文本可视化综合了文本分析、数据挖掘、数据可视化、计算机图形学、人机交互、认知科学等学科的理论和方法，是人们理解复杂的文本内容、结构和内在的规律等信息的有效手段。海量信息使人们处理和理解信息的难度日益增大，传统的文本分析技术提取的信息难以满足人们的需要，利用视觉符号的形式表现复杂的或者难以用文字表达的内容，可以快速获取关键信息。将文本中复杂的或者难以通过文字表达的内容和规律以视觉符号的形式表达出来,同时向人们提供与视觉信息进行快速交互的功能,使人们能够利用与生俱来的视觉感知并行化处理能力快速获取大数据中所蕴含的关键信息。

对用户的节目类型偏好进行文本可视化分析,用文字标识出不同的节目种类,用文字大小和颜色深浅共同表示用户对不同类型节目的偏好程度,如图 2.14 所示。从图 2.14 中不难发现,用户的节目类型偏好,对于电视剧,战争、历史、犯罪、年代类节目最受用户喜爱;对于体育项目,乒乓球、田径、羽毛球、足球类节目最受用户喜爱;对于新闻节目,时政类、财经类、文化类、法制类节目最受用户喜爱;对于热点节目(热词),世界杯、爸爸去哪儿、中国好声音、非诚勿扰等是最受用户喜爱的节目。

图 2.14　广播电视用户收视分析(文本可视化)

2.2　数据可视化的前世今生

数据可视化是指使用抽象的方式表达数据的变化、联系或趋势的方法,是天文学、医学、经济学等专业共同发展形成的一门学科,至今已经有几百年的历史。

随着大数据时代的到来，越来越庞大、越来越复杂的数据需要被人们有效利用，数据可视化领域面临巨大的挑战。我们希望通过了解数据可视化的里程碑事件，找到突破瓶颈的方法，为大数据可视化的实现带来启发。

笔者依照目前主流的分类方式，介绍数据可视化的里程碑事件的时间分布，通过数据可视化发展中几个主要阶段的突出成就与进步，分析不同历史时期数据呈现的特点及对可视化发展造成的影响，并对大数据可视化的实现提出了自己的看法。

2.2.1 数据可视化发展史

1. 17 世纪以前：早期地图与图表

在 17 世纪以前人类研究的领域有限，总体数据量处于较少的阶段，因此几何学通常被视为可视化的起源，数据的表达形式也较为简单。但随着人类知识的增长和活动范围的不断扩大，为了能有效探索其他地区，人们开始汇总信息绘制地图。16 世纪，用于精确观测和测量物理量，以及地理和天体位置的技术、仪器得到了充分发展，尤其在 W. Snell 于 1617 年首创三角测量法后，绘图变得更加精确，形成了更加精准的视觉呈现方式。

人类对天文学的研究开始较早，一位不知名的天文学家于 10 世纪创作了描绘 7 个主要天体时空变化的多重时间序列图，图中存在很多现代统计图形的元素，如坐标轴、网格图系统、平行坐标和时间序列。

在这个时期，数据可视化作品的密度较低，整体还处于萌芽阶段。其根本原因是当时数据总量较少，各科学领域的发展也处于初级阶段，所以可视化的运用还较为单一，系统化程度也较低。

2. 1600—1699 年：测量与理论

更为准确的测量方式在 17 世纪得到了更为广泛的使用，在大航海时代，欧洲的船队出现在世界各处的海洋上，这对于地图制作、距离和空间测量都产生了极大的促进作用。1686 年，人们绘制出历史上第一幅天气图，图中显示了地球的主流风场分布，这也是向量场可视化的鼻祖。同时，随着科技的进步及经济的发展，数据的获取方式主要集中于对时间、空间和距离的测量上，对数据的应用集中于制作地图和天文分析上。

此时，笛卡儿提出了解析几何和坐标系，在两个维度或者三个维度上进行数据分析，成了数据可视化历史中重要的一步。同时，早期概率论（Pierre de Fermat 与 Pierre Laplace）和人口统计学（John Graunt）研究开始出现。这些早期的探索，开启了数据可视化的大门，数据的收集、整理和绘制开始了系统性的发展。

在此时期，由于科学研究领域的增加，数据总量也大大增加，出现了很多新的可视化形式。人们在完善地图精度的同时，不断在新的领域使用可视化方法处理数据。17 世纪末，启动"视觉思维"的必要元素已经准备就绪。

3. 1700—1799 年：新的图形形式

18 世纪可以说是科学史上承上启下的年代，英国工业革命、牛顿对天体的研究，以及后来微积分方程等的建立，都推动着数据向精准化、量化的阶段发展，人们对统计学研究的需求也越发显著，用抽象图形的方式来表示数据的想法也不断成熟。此时，经济学中出现了类似柱形图的线图表述方式，英国神学家 Joseph Priestley 也尝试在历史教育上使用图的形式介绍不同国家在各个历史时期的关系。法国人 Marcellin Du Carla 绘制了等高线图，用一条曲线表示相同的高程，这对测绘、工程和军事有着重大的意义，成了地图的标准形式之一。

Wiliam Playfair 是数据可视化发展中的重要人物，他在 1765 年创造了第一个时间线图，其中单线用于表示人的生命周期，整体可以用于表示较多人的生命周期。时间线图直接启发他发明了条形图及其他至今仍经常使用的图形，如饼状图、时序图等。他的这一思想可以说是数据可视化发展史上一次新的尝试，人们可以用新的形式表达尽可能多且直观的数据。

随着人们对数据的系统性收集及科学的分析处理，18 世纪数据可视化的形式已经接近当代科学使用的形式，条形图和时序图等可视化形式的出现体现了人类数据运用能力的进步。随着数据在经济、地理、数学等不同领域和不同应用场景的应用，数据可视化的形式变得更加丰富，这也预示着现代化信息图形时代的到来。

4. 1800—1849 年：现代信息图形设计的开端

19 世纪上半叶，受到 18 世纪视觉表达方法创新的影响，统计图形和专题绘图领域出现爆发式发展，目前已知的几乎所有形式的统计图形都是在这时发明的。在此期间，数据的收集整理范围明显扩大，政府持续加强对人口、教育犯罪、疾病等领域的关注，大量社会管理方面的数据被收集用于分析。1801 年，英国地质学家 William Smith 绘制了第一幅地质图，引领了一场在地图上表现量化信息的潮流，这幅地质图也被称为"改变世界的地图"。

这一时期，数据的收集整理从科学技术和经济领域扩展到社会管理领域，对社会公共领域数据的收集标志着人们开始以科学手段进行社会研究。与此同时，科学研究对数据的需求也变得更加精确，研究数据的范围也有明显扩大，人们开始有意识地使用可视化的方式尝试研究、解决更广泛的问题。

5. 1850—1899 年：数据制图的黄金时期

在 19 世纪上半叶末，数据可视化开始快速发展，数据信息对社会、工业、商业和交通规划的影响不断增加，欧洲开始着力发展数据分析技术。统计理论给出了更多种数据的意义，数据可视化迎来了它的第一个黄金时代。

统计学理论的建立是束缚可视化发展的重要一步，此时数据的来源也变得更加规范，由政府机构进行采集。社会统计学的影响力越来越大，1857 年在维也纳的统计学国际会议上，学者就已经开始对可视化图形的分类和标准化进行讨论，不同数据图形开始出现在书籍、报刊等正式出版物之中。这一时期，法国工程师 Charles Joseph Minard 绘制了多幅有意义的可视化作品，被称为"法国的 Playfair"，他最著名的作品是用二维的表达方式展现了 6 种类型的数据，用于描述 1858 年拿破仑在战争时期的军队损失。

1879 年，Luigi Perozzo 绘制了一张 1750—1875 年瑞典人口普查数据图，以金字塔形式表现了人口变化的三维立体图，此图与之前的可视化形式有一个明显的区别，即此图开始使用三维形式，并使用彩色表示数据值之间的区别，提高了视觉感知水平。

在对这一时期可视化历史的探究中发现，数据来源的官方化，以及对数据价值的认同，成了可视化快速发展的决定性因素，几乎如今所有常见的可视化元素都已经出现。并且这一时期出现了三维的数据表达方式，这种创造性的成果对后来的研究有十分突出的作用。

6. 1900—1949 年：现代休眠期

20 世纪上半叶，随着数理统计这一新数学分支的诞生，追求数理统计严格的数学基础，并扩展统计的疆域成为这个时期统计学家的核心任务。数据可视化成果在这一时期得到了推广和普及，并开始被用于尝试解释天文学、物理学、生物学的理论新成果。Hertzsprung-Russell 绘制的温度与恒星亮度图成了近代天体物理学的奠基之一；伦敦地铁线路图的绘制形式如今依旧在沿用；E. W. Maunder 的"蝴蝶图"用于研究太阳黑子随时间的变化规律。

然而，这一时期人们收集、展现数据的方式并没有得到根本上的创新，统计学在这一时期也没有大的发展，所以整个 20 世纪上半叶都是休眠期。但这一时期的蛰伏和统计学家的潜心研究才让数据可视化在 20 世纪后期迎来了复苏和更快速的发展，可视化黄金时代的结束，并非是可视化的终点。

7. 1950—1974 年：复苏期

从 20 世纪上半叶末到 1974 年这一时期被称为数据可视化领域的复苏期，在这一时期引起变革最重要的因素是计算机的发明，计算机的出现让人类处理数据的能力有了跨越式的提升。在现代统计学和计算机计算能力的共同推动下，数据可视化开始复苏，统计学家 John W. Tukey 和制图师 Jacques Bertin 成为可视化复苏期的领军人物。

John W. Tukey 在第二次世界大战期间对火力控制进行了长期研究，他意识到了统计学在实际研究中的价值，从而发表了其有划时代意义的论文 *The Future of Data Analysis*。这成功地让科学界将探索性数据分析（EDA）视为不同于数学统计的另一个独立学科，John W. Tukey 在 20 世纪后期首次采用茎叶图、盒形图、脸谱图（见图 2.15）等新的可视化图形形式，成为开启可视化新时代的人物。Jacques Bertin 发表了里程碑式的著作 *Semiologie Graphique*。这本书根据数据的联系和特征组织图形的视觉元素，为信息的可视化提供了坚实的理论基础。

随着计算机的普及，20世纪60年代末，各研究机构就逐渐开始使用计算机程序取代手绘图形。由于计算机在数据处理精度和速度上具有强大优势，因此高精度分析图形就已不再手绘。在这一时期，数据缩减图、多维标度法MDS、聚类图、树形图等更为新颖复杂的数据可视化形式开始出现。人们开始尝试在一张图上表达多种类型的数据，或用新形式表现数据之间的复杂关联，这也成为如今数据处理应用的主流方向。数据和计算机的结合让数据可视化迎来了新的发展阶段。

8. 1975—2011年：动态交互式数据可视化

在这一阶段计算机成为进行数据处理必要的工具，数据可视化进入了新的黄金时代，随着应用领域的增加和数据规模的扩大，更多新的数据可视化需求逐渐出现。20世纪70—80年代，人们主要尝试使用多维定量数据的静态图来表现静态数据，20世纪80年代中期动态统计图开始出现，两种方式在20世纪末开始合并，试图实现动态、可交互的数据可视化（见图2.16），于是动态交互式的数据可视化成为新的发展主题。

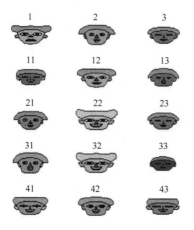

图2.15　脸谱图

图2.16　交互可视化产品

数据可视化的这一时期的最大潜力来自动态图形方法的发展，允许对图形对象和相关统计特性的即时和直接的操纵。早期就已经出现了与概率图（Fowlkes，1969）进行实时交互的系统，通过调整控制来选择参考分布的形状参数和功率变换。这可以看作动态交互式可视化发展的起源，推动了这一时期数据可视化的发展。

9. 2012年至今：大数据时代

2003年，全世界创造了5EB的数据量，自此人们逐渐开始重点关注大数据的处理。到2011年，全球每天的新增数据量开始以指数倍猛增，数据的使用效率也在不断提升，数据服务商开始需要从多个维度向用户提供服务，大数据时代就此正式开启。

2012年，我们进入了数据驱动的时代。掌握数据就能掌握发展方向，因此人们对数据可视化技术的依赖程度也不断加深。大数据时代的到来对数据可视化的发展有着冲击性的影响，试图继续以传统展现形式来表达庞大数据量中的信息是不可能的，大规模的动态化数据要依靠更有效的处理算法和表达形式才能传达出有价值的信息，因此对大数据可视化的研究成了新的时代命题。

我们在应对大数据时，不但要考虑快速增加的数据量，还需要考虑数据类型的变化，这种数据扩展性的问题需要更深入的研究才能解决；互联网的加入增加了数据更新的频率和获取的渠道，并且实时数据的巨大价值只有通过有效的可视化处理才可以体现，于是在上一历史时期就受到关注的动态交互技术已经向交互式实时数据可视化发展，是如今大数据可视化的研究重点之一（见图2.17）。综上所述，如何建立一种有效的、可交互式的大数据可视化方案来表达大规模、不同类型的实时数据，成了数据可视化这一学科的主要研究方向。

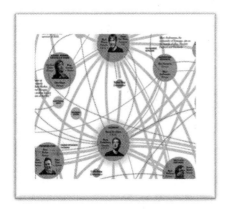

图2.17 文本信息可视化、社交网络等可视化纷纷产生

2.2.2 历史上三大经典可视化案例

1. 伦敦霍乱——可视化地图

地图不仅让我们能更好地理解这个世界，也推进了人类文明的发展，其中一个广为人知的例子就是伦敦霍乱地图。让人闻风丧胆的霍乱被誉为"19世纪的世界病"，比死亡更加让人恐慌的是"未知"，对于19世纪初的人们来说，这种可怕瘟疫的发生、传播和控制都是一个谜。那时候，人们并不知道霍乱的传播机理，也没有细菌的概念，还以为霍乱是雾霾所致，那既然如此，就只能听天由命了。

一个名为John Snow的医生开始对吸霾论表示怀疑，他认为更大的可能是水里有毒。John Snow医生明察暗访，收集了大量死者的死亡位置数据，并发扬了"数据可视化精神"，把所有的点数据都投射到伦敦地图上；另外他把伦敦的7个主要水泵的位置也用"×"号标了上去。

数据可视化会让一些原本扑朔迷离的关联瞬间变得明如星汉。John Snow医生研究发现，原来死者的死亡位置很有规律。大量死者密布在城中心的宽街（Broad Street）周围，而宽街正好有一口公共水井。更深入的调查显示，在当地霍乱流行前，布劳德大街（现布劳维克大街）一名儿童有明显的霍乱症状，浸泡过孩子尿布的脏水倒入离水井不远的排水沟里，而这个排水沟与水井并未完全隔离。这项惊人的发现让John Snow再次坚信自己之前的研究成果（《霍乱传递方式研究》，John Snow，1849），即霍乱是通过受污染的饮用水传播的，他建议伦敦政府封闭这口公共水井，阻止居民继续饮用这里的水。1854年9月，伦敦政府最终采纳了John Snow的意见，取下了这口水井的摇把。第二天，得病人数迅速减少，该区域的疫情得到了有效控制。

在这个过程中，虽然John Snow并没有发现霍乱的病原体，但他创造性地使用空间统计学找到了传染源，并以此证明了这种方法的价值。如今，绘制地图已经成为医药地理学和传染病学中一项基本的研究方法，当医生们遇到棘手的传染病时，他们还常常会问：我们的布劳德水井在哪里？John Snow的霍乱地图给后人创造了无限的利用价值，同时，这张地图还使人们意识到城市下水系统的重要性，并使人们采取切实行动完善城市下水系统。John Snow的发现，促使伦敦开始修建公共供水设施，建立大规模供水网，供水网全部配备压力和过滤装置，进而引发了整个欧洲的公共卫生运动。之后，这一运动又在美国重复，之后日本、中国等亚洲国家乃至全世界都开始完善供排水系统。供水和排水，是城市卫生的大型工程，是 19 世纪最有意义的里程碑之一。

2. 拿破仑大败而归——时间序列图

好图和好翻译一样，应该做到 3 个标准：信、达、雅。简单地说，就是真实地表达丰富的数据，避免扭曲数据；目的清晰，发人深省，激发观察者去比较不同的数据内容；有美感，可视化不仅是一门技术，更是技术与艺术的完美结合。笔者认为，在人类历史的长河中，一张好图真正可以达到"一图抵万言"的至臻境界，一张好图的信息量可以抵得上一本书，但阅读一张图却只需要花掉你些许时间。我们来看人类历史进程中的第二个经典的数据可视化案例——拿破仑大败而归的时间序列图。

1812 年拿破仑亲征俄国，他于 6 月领兵 42 万人（史说 61 万人）入波兰之境，越过最左边的涅曼河，然后向东北方的莫斯科进攻。俄军一路坚壁清野，法军一路非战减员（饥饿与疾病），终于在 1812 年 9 月兵临莫斯科，在距莫斯科一百多千米的博罗季诺村发生激战，双方伤亡惨重，史称博罗季诺战役。当法军进入莫斯科时，莫斯科已然是一片焦土上的空城。结果大家都知道，10 月来了，冬天来了，法军无法忍受严寒，只能撤退。俄军跟在法军后面一路追击，法军抢渡别列津纳河时，战况惨烈。最后，拿破仑率领不到 10000 人（史说 60000 人）逃出俄国，如图 2.18 所示。

让我们来看这张将空间与时间完美交织的时间地图，如图 2.19 所示。你一定见过很多时间序列图（最常见的就是股价走势图），你也一定见过很多地图，但是把地图放到时间序列上的图，估计你见过的应该用一只手就能数完。这一张地图上有 6 个变量：法军的规模、法军的位置（横纵两个变量）、法军的行军路线、法军撤军的时间序列和法军撤军时的气温。图 2.19 中浅色的一路是拿破仑的进军路线，下方黑色的一路是其撤军路线，线条的宽度表示兵力多寡，我们可以看出拿破仑是如何粗大雄壮地入俄，然后纤细绵软地出俄的。通过这张图，我们可以想象出绝望无助的拿破仑军队如何在俄国广袤的冰原之上挣扎咆哮。请问，哪位历史家或者小说家能够在几平方厘米的面积上细腻地传递出如此丰富的信息？

图 2.18　1812 年拿破仑亲征俄国大败

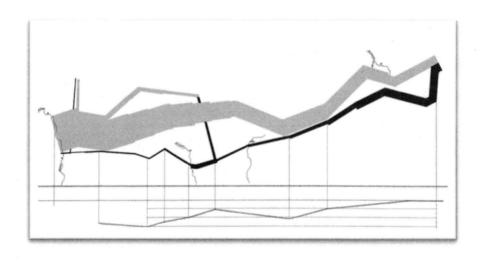

图 2.19　拿破仑大败而归（示意）

面对这张神图，笔者只能感叹：这应该是历史上人类画过的最好的一张统计图了。图 2.20 是拿破仑大败而归的现代视图。

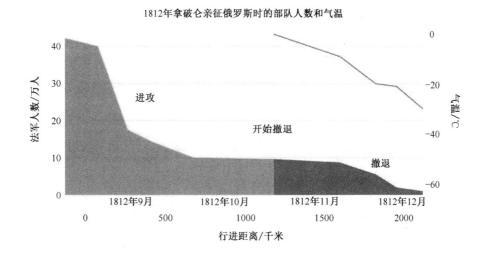

图 2.20　拿破仑大败而归的现代视图（示意）

3. 南丁格尔玫瑰图

最后一个案例是 19 世纪中叶的南丁格尔玫瑰图,下面将从一则小故事开始。19 世纪中叶,欧洲有这样一个出身贵族的名媛——弗洛伦斯·南丁格尔,她本可以像现在的名媛一样,过着每天购物、开派对的生活。但这位贵族名媛偏偏心系贫苦大众、热爱公共卫生事业,志向是成为一名护士。这也不奇怪,贵族名媛中总有一些人能够感受到贫苦大众生活的水深火热,并施以怜悯之心,所以她的父母没有在意,只是认为这个女儿心地善良。突然有一天,南丁格尔告诉她的父母:我要成为一名护士,我要去护士学校学习护理,并准备去当战地护士。她的父母坚决反对,因为在当时,只有贫苦大众才去当护士,而且去战场她的父母很难接受。但南丁格尔不顾父母的反对,还是毅然决然地学习护理,并带领 38 名护士于 1854 年 10 月前往前线。来到前线,南丁格尔发现战区的医疗卫生情况非常糟糕,大量受伤士兵死于感染,而并非直接死于战争或者恶劣的自然条件。南丁格尔向英国政府报告这一情况,并极力要求改善战区医院条件。1855 年 3 月,英国派出的卫生委员会人员到达战区,积极改善战区医院医疗卫生状况,显著降低了英军的死亡率。这一改变让南丁格尔意识到公共医疗卫生的重要性。回到英国,南丁格尔开始收集大量资料,并进行详细的统计分析,向皇家委员会报告士兵的健康状况。据此,南丁格尔开始游说英国政府加强公众医疗卫生建设,进行相关投入。

整个故事，鲜明地刻画在了图 2.21 中。

图 2.21　19 世纪中叶南丁格尔在前线护理

南丁格尔是如何成功说服政府改善医疗条件的呢，我们来看南丁格尔玫瑰图（见图 2.22）为什么能够载入史册，流传下来？南丁格尔玫瑰图与普通的柱形图、饼状图又有什么区别？首先来仔细分析这张图，这种图属于极坐标图，角度表示月份，图中不同颜色的楔形区域表示不同的死亡因素：蓝色——死于感染（主要由卫生状况差所致），红色——死于战场重伤，灰色——死于其他原因。这张图以 1855 年 3 月为节点（这正好是英国派出的卫生委员会人员到达战区的时间）分为两个部分。看到这两幅图，你的第一印象是什么，你得到了什么信息？

这两幅图传递了两大信息，第一，两幅图中蓝色区域明显大于其他区域（这表示大多数伤亡并非直接源于战争，而是源于糟糕医疗卫生情况下的感染）；第二，左边这幅图中的楔形面积远小于右边这幅图的，左图成功展示了医疗卫生情况改善所带来的效果。如果以普通的柱形图来表示这两组数据会有什么效果呢？英国的 Hugh Small 教授在一篇论文中根据南丁格尔玫瑰图中的数据绘制出了一张普通的柱形图，如图 2.23 所示。看到这幅图，你的第一印象又是什么呢？（先想想再往后阅读。）

图 2.23 中，横坐标也是月份，不同颜色柱形图的高度表示不同致死因素的死亡人数。图 2.23 给人的印象是寒冷的冬季士兵的死亡率特别高，而这是严重的误导，并不是南丁格尔想要传递的信息。我相信南丁格尔在统计这一信息并将其可

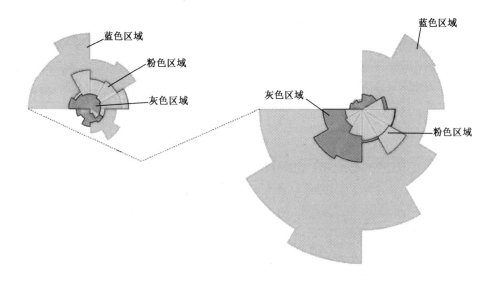

图 2.22　南丁格尔玫瑰图（示意）

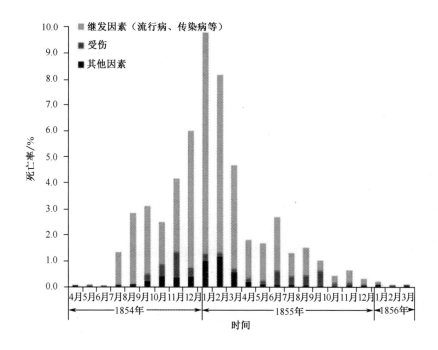

图 2.23　南丁格尔玫瑰图的柱形图表示（示意）

视化成图的时候，肯定考虑过更为普通的柱形图；但因为柱形图不够直接，甚至会给人以误导，所以她明智地放弃了传统的柱形图。南丁格尔需要的是一张一目了然、直中要害的统计图。据此，她设计出了著名的南丁格尔玫瑰图。

2.3 无处不见的数据可视化

数据可视化无处不在，它随着交通、气象等数据容量和复杂性的增加而与日俱增，大数据可视化的需求越来越大，成为人类对信息的一种新的阅读和理解方式。通过大数据可视化手段进行数据分析，可以实现将密密麻麻、错综复杂的数据挖掘信息，通过可视化的方式展示出来，使读者对数据的时空分布模式、趋势、相关性和统计信息一目了然，而这些在其他呈现方式下可能难以被发现。另外，大数据可视化还可以做到实时，即根据信息数据的变化情况实时更新分析结果，这无论是对个人生活还是对企业商业都具有重要影响。

2.3.1 个人生活中的数据可视化

在我们的工作和生活中，无时无刻不在与可视化打交道。让我们来看第一张图（见图2.24），当我们到电影院去看电影时，23%的人会在观影前去洗手间，而几乎百分之百的观众在观影后都会立刻冲向洗手间；当我们在家里收看电视节目时，基本只会使用电视遥控器的切换频道键和音量加减键等几个按钮，电视遥控器更多复杂的功能我们几乎不会用到；另外，我们是否会自主选择学习，我们会发现在学期刚开始、期中，哪怕是最后一周都不会耗费过多精力，而在考试的前一天晚上大多数人会选择突击学习，以应对接下来的考试。

让我们来看第二张图（见图 2.25），在旅行的过程中我们会受心情的影响把很多有意思的物品带回家作为纪念，然而当我们回到家中时却发现这些物品并不值得收藏；在炎热的夏天人们涂抹防晒霜一般不是在晒前，而往往是在被晒伤后才会想起涂抹防晒霜;生活中有很多危险符号需要引起人们注意,然而人们通常只留意手机是否还有电。

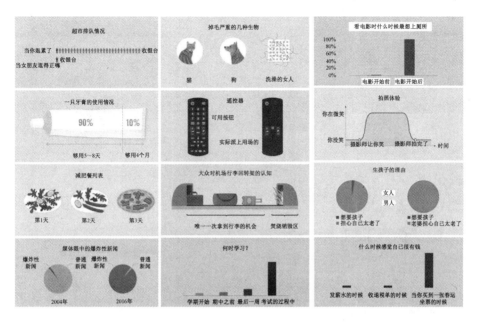

图 2.24 个人生活中的数据可视化(一)

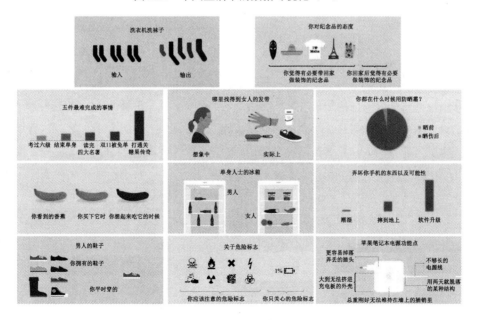

图 2.25 个人生活中的数据可视化(二)

再让我们看第三张图（见图 2.26），我们过去更多是在欣赏美丽的景色，而现在大多数人把景色留在了手机和相机里；我们还可以通过可视化发现，原来大多数人的证件照都非常丑，而社交头像则非常美丽，而实际上人们的长相是介于两者之间的。

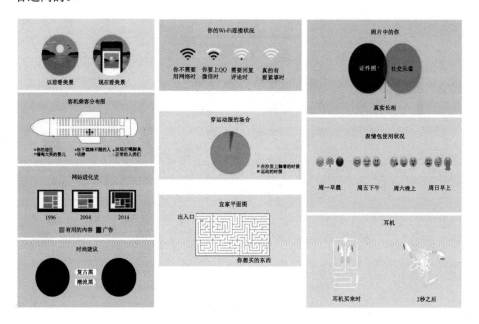

图 2.26　个人生活中的数据可视化（三）

很多生活中的细节可以利用可视化的方法呈现出来，除此之外，我们还可以利用可视化手段关注周边的环境、生活起居。例如，在北京地区，大多数人为了上班方便，会选择居住在苹果园、望京、回龙观、天通苑、北苑等地区，这些地区也成为北京的人口密集区域；当我们筛选污染严重的城市时会发现，北京、河北、山西这些地区的 $PM_{2.5}$ 值最高，亟须治理。

2.3.2　企业商业中的数据可视化

数据可视化在我们的工作和生活中无处不见，它解决了大数据最后一千米的问题，把数据背后隐藏的价值直观地呈现了出来。在大数据时代，我们来看一下数据究竟有多大，如果说 10 年前，个人用户才刚刚迈进 TB 时代，全球产生的数据只有 180EB；到了 2011 年，这个数字达到了 1.8ZB。当时，市场研究机构预测，2020 年，整个世界的数据总量将增长 44 倍，达到 35.2ZB（1ZB～10 亿 TB）。

数据可视化对企业有什么作用呢？笔者认为，不是所有数据都非要可视化，很多数据可视化确实有些牵强，数据可视化有以下 3 个作用。

（1）大规模的数据可视化可以帮助企业管理者迅速了解大量数据，使工作更高效。例如，每天有大量观众走入电影院观看电影，早期电影院每天只会放映一部影片，如今电影院每天放映几十部影片。电影院如何准确地进行排片管理呢？我们可以利用大数据，用第一天的票房预测第二天的票房，用前两天的票房预测第三天的票房，以此类推；再结合电影院信息、影厅信息、影片信息，全方位进行智能排片管理，从而大大提升电影院的运行效率，如图 2.27 所示。

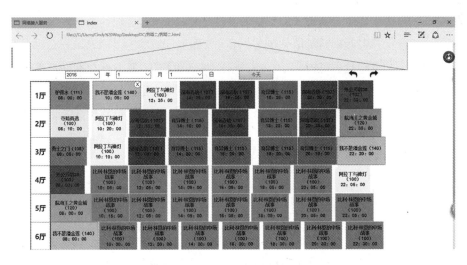

图 2.27　基于数据可视化进行影院排片

（2）正确的数据可视化可以清晰地展现数据背后的意义。在美国大选期间，美国媒体做了不少与之相关的数据报道，让我们来回顾一下，他们是如何将美国大选的数据可视化的吧！有作者设计了两种表现方法展示各洲"选举人票"的占比情况，一是以选举人票的分布做底图，二是直接以美国地图作为底图。除双方选举人票总体数量对比外，将鼠标移至各洲上方还能显示各洲选举人票数量及对双方选举人的支持比例。

（3）我们可以通过可视化技术快速了解产品在哪些国家热销，建立基于全球的商品供应链。我们可以通过数据可视化产品把用户的行为数据和系统性能关联起来，这样不仅可以分析受用户喜好的功能，也可以分析产品性能对用户的影响。随着覆盖的行业越来越广泛，企业还能用自身的数据和行业平均指标进行横向对比，进而辅助企业决策，这对于企业来说有很高价值，这就是大数据可视化的魅力。

2.4 数据可视化的未来

在之前的内容中，我们了解到数据可视化起源于 17 世纪，最早由图形符号表征物理含义；到后来向量场可视化，用天气图展示地球的主流风场分布；一直发展到今天的多维数据可视化、文本可视化、地理可视化、复杂社交网络可视化。如今，可视化已经发展成一门新兴的交叉学科——可视化分析学。可视化的发展历程与人类现代文明的启蒙、科技的进步一脉相承。未来，可视化技术将在更多领域绽放光彩。

2.4.1 数据可视化的发展

大数据可视化未来发展趋势有哪些？随着科技的不断进步与新设备的不断涌现，数据可视化领域目前正处在飞速发展之中。可视化技术将以更细化的形式表达数据，如在通信行业，我们可以通过可视化技术呈现 1986—2013 年 172 个国家移动电话、固定电话和互联网的订购数量及容量情况。如图 2.28 所示，我们以折线图为基础，结合气泡的动态变化、语音说明，让读者通过交互操作来选择展示哪些数据，以恰当、全面地展示这些数据，从而更完整地讲述一个故事。

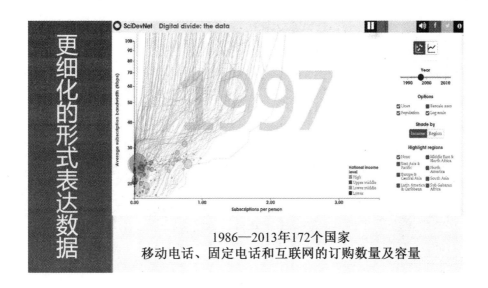

图 2.28　不同国家移动电话、固定电话、互联网的发展变化（示意）

我们还可以通过可视化技术，从更全面的维度理解数据。"大数据技术成为我们生活的一部分，我们应该开始从一个比以前更大更全面的角度来理解事物。"这句话来自《大数据时代》，作者的原意是：在大数据时代，我们应该舍弃对数据精确性的要求，而去接受更全面也更混杂的数据，作者认为它同样可以用来形容未来在数据可视化方面可以进步的方向。例如，我们可以通过交互式三维可视化展示不同国家之间的战争情况。如今，人们逐渐不再满足于平面和静态的数据可视化视觉体验，而是越发想要"更深入"地理解一份数据，传统的数据可视化图表已不再是唯一的表现形式，现代媒介和技术的多样性，使人们感知数据的方式也更加多元。

除此之外，还要求我们以更美的方式呈现数据，艺术和数据可视化之间一直有着很深的联系，随着数据的指数级增长和技术的日趋成熟，一方面，用户对可视化的美学标准提出了越来越高的要求；另一方面，艺术家和设计师也可以采用越来越具创造性的方式来表现数据，使可视化更加具有冲击力，如图 2.29 所示。纵观历史，随着人们接受并习惯了一种新的发明后，接下来就是对其进行优化和美化，以配合时代的要求，数据可视化也是如此，因为它正在变得司空见惯，所以良好的阅读体验和视觉表现将成为它与竞品区分的特征之一。

图 2.29　可视化呈现地球峰会期间的 Twitter 话题

大数据时代，数据可视化具有三大特征：直观性、交互性和实时性，如图 2.30 所示。直观性，是指数据可视化需要基于三维和动效等技术，对真实物理效果进行模拟，用较强的视觉冲击力加强用户对数据的感知能力。交互性，是指数据可视化允许用户选择他们感兴趣的内容，或者改变数据的展示形式，更好地促进用户与数据之间的互动。实时性，是指数据可视化依托于如今的高速网络和大数据背景，在监控等需要快速决策的场景下，数据的实时性尤为重要。

图 2.30　大数据时代数据可视化三大特征

未来，这些运用新技术的数据可视化主要在哪些场景和形式下使用呢？

（1）大屏。首先，不得不提的一定是大屏了。顾名思义，就是指超大尺寸的LED屏幕，大屏数据可视化大屏来展示关键数据内容，如图2.31所示。随着企业的数据积累和数据可视化的普及，大屏数据可视化需求正在逐步扩大，如监控中心、指挥调度中心等需要依据实时数据快速做出决策的场所；企业展厅、展览中心等以数据展示为主的展示场所；电商平台等以大促活动时对外公布实时销售数据进行宣传的平台，而数据具体的展示形式又可能分为交互式操作、单向信息展示等。

（2）触摸屏。作为实现交互式数据可视化的方式之一，触摸屏设备常常用作控制大屏展示内容的操作设备（其中也包括手机和平板电脑），触摸屏设备也可以兼顾显示和操作来单独展示数据，大大增加了用户与数据之间的互动，如图2.32所示。

图 2.31　数据可视化典型应用场景——大屏

图 2.32　数据可视化典型应用场景——触摸屏

（3）网页。目前应用于数据可视化的网页技术琳琅满目，如 D3.js、Processing.js、Three.js、ECharts 等，这些工具都能很好地实现各类图表样式。其中，ECharts 来自百度 EFE 数据可视化团队，ECharts 具有丰富的数据可视化图形库可供调用，如图 2.33 所示；而 Three.js 作为 WebGL 的一个第三方库则相对更侧重三维展示。

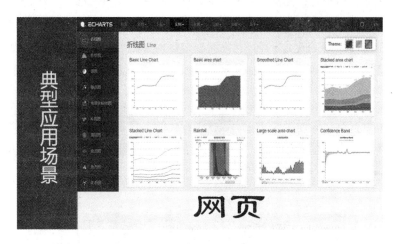

图 2.33　数据可视化典型应用场景——网页

（4）视频。有数据显示，2015 年，人们的平均注意力集中时间已从 2008 年的 12 秒下降到 8 秒，这并不奇怪，当我们面对越来越多的信息时，会自然地倾向于选择更快捷的方法来获取信息，而人类作为视觉动物天生就容易被移动的物体吸引，所以视频也是数据可视化的有效展示手段之一，并且视频受展示平台的限制更少，可以应用的场景也更广。不过因为视频不可交互的特性，视频展示更适合将数据与更真实、更艺术的视觉效果相结合，预先编排成一个个引人入胜的故事向用户娓娓道来，如图 2.34 所示。

（5）未知。仅有以上这些展示方式是不够的，人眼仅透过平面的屏幕来接收信息仍然存在限制，VR、AR、MR、全息投影……这些当下火热的技术已经被应用到游戏、房地产、教育等行业，可以预见的是数据可视化也能与这些技术擦出有趣的火花，如带来更真实的感官体验和更接近现实的交互方式，使用户可以完全"沉浸"到数据之中。可以想象一下，当我们可以用 360°全方位的角度去观看、控制、触摸这些数据时，这种冲击力自然比面对一个个仅仅配着冷冰冰的数字的柱形图要大得多。而在不远的未来，触觉、嗅觉甚至味觉，都可能成为我们接收数据和信息的感知方式。未来数据可视化将发展成什么形式,我们无法预知,但不容置疑的是数据可视化技术将在我们的工作和生活中起到越来越重要的作用,如图 2.35 所示。

图 2.34　数据可视化典型应用场景——视频

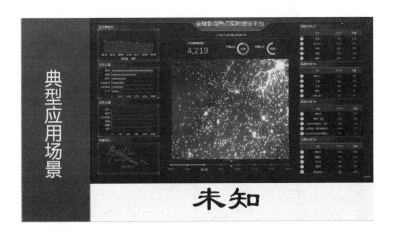

图 2.35　数据可视化典型应用场景——未知想象

2.4.2　数据可视化的挑战

有史以来,可视化的理念就伴随着形象思维、图画、摄像等方法不断演化。

现代意义上的可视化是计算机和计算机显示方法与设备发展到一定阶段的新兴技术。尽管显示方法和技巧各有差异，但是数据可视化的研究实质仍然是两个方面：一是理解可视化如何传递给观察者，即人们感知和理解什么，可视化是如何对应数据和数据模型的；二是开发能有效创造可视化的原理和技术，即增强认知和感知，增强可视化与数据模型之间的联系。

1. 挑战

在大数据时代，高维多元数据具有异构、高维、大尺度、不确定性 4 个特征，而这 4 个特征给可视化和分析带来了全方面的挑战，这些挑战可以从数据质量、异构数据整合、特定数据类型的扩展研究、多维映射方法、计算处理能力和视觉效果优化 6 个方面划分，如图 2.36 所示。

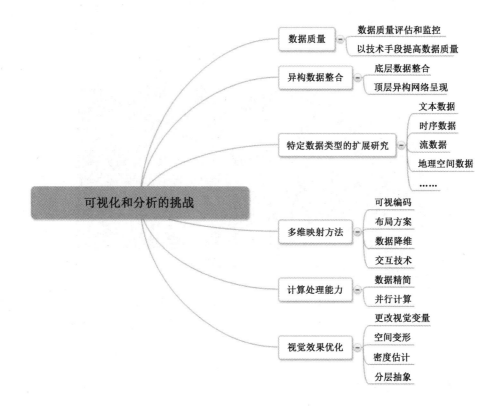

图 2.36　数据可视化的挑战

（1）数据质量。数据质量问题在数据的采集、传输、转换、存储和呈现阶段都普遍存在，相关概念包括噪声、误差、数据重复、不一致、不完整等。数据质量被认为是数据满足特定用户期望的程度，人们对它的研究由来已久，主要集中在两个方面：①数据质量评估和监控；②以技术手段提高数据质量。其中，数据质量评估处于核心地位，是数据质量问题捕捉和清洗的基础，分为定性和定量两种，并且在评估过程中离不开可视化的参与。构建评估指标体系、通过可视化构建人工验证机制、质量相关的模式研究是这一领域的主要挑战，图 2.37 所示为数据质量管理的四大技术原则。

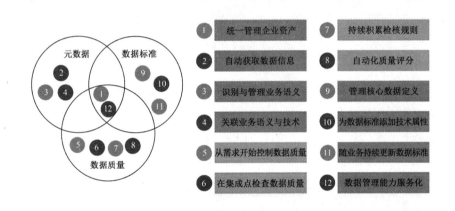

图 2.37　数据质量管理的四大技术原则

（2）异构数据整合。异构数据是指同一个数据集中存在结构或属性不同的数据，如图 2.38 所示。因为高维多元数据集通常综合了不同来源的数据，它们的数据格式不同、应用场景不同、存储逻辑模型不同，异构特性十分普遍。例如，社交网络就是一个典型的异构数据集，它包含文本数据、图片数据、音视频数据、地理信息数据等结构迥异、处理方法也各不相同的数据。长期以来，异构数据的分析与可视化一直是数据可视化的难点所在，目前的应对措施一般遵循两种模式：一是从可视分析系统的底层进行数据整合，并以此为基础构造全局统一的视图；二是从可视分析系统的顶层构建异构网络，强化对不同结构数据的呈现。这两种模式相辅相成，在具体应用的开发中尚有很大的研究价值。

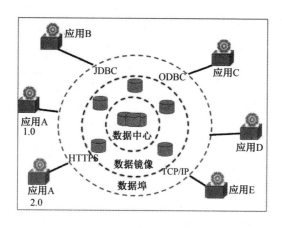

图 2.38 异构数据整合

（3）特定数据类型的扩展研究。高维多元数据的异构特性常常令其包含一些特殊的数据类型，而这些数据类型都有各自特殊的可视化方法，亦在各自的领域上得到了深入研究，如图 2.39 所示。例如，在高维多元数据集中占相当比重的时序数据，在网络日志中大量存在的流数据，在许多数据集中都大量存在的文本数据，在应用领域具有广泛价值的地理空间数据等，都有着独特的概念、载体、分析模式和可视化方法。这意味着我们可以利用异构特性来辅助可视化，即借用具体领域已有的概念和方法，帮助提升整个高维多元数据的可视化分析能力。

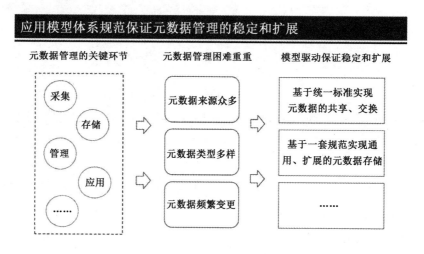

图 2.39 特定数据类型的扩展研究

（4）多维映射方法。多元数据的可视化过程中的核心问题是如何处理有限的显示空间和大量数据维度之间的矛盾，即多维映射问题。多维映射长期以来是个具有挑战性和趣味性的研究课题，吸引了大量研究者的关注。目前的解决方法主要有3类：①借助新的视觉编码方法，如符号、颜色、透明度混合等措施，尽可能呈现数据属性；②通过降维技术，将数据维度降低到二维、三维，再使用常规可视化方法进行呈现；③使用针对多元数据的可视化布局方法，如多链接视图、栅格图呈现数据，如图2.40所示。除此以外，与这3类方法互相补充的交互模型也值得关注。实践中多维映射方法的使用受数据对象特征和用户需求的强烈影响，在具体解决方案和混合方法层面值得进一步研究。

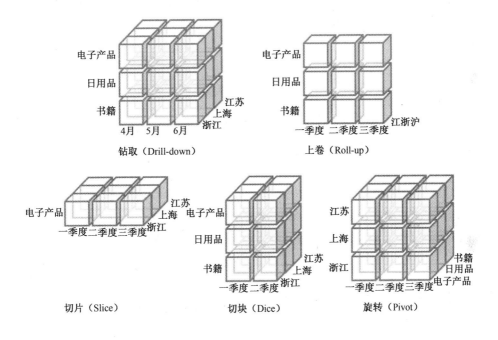

图2.40　多维映射

（5）计算处理能力。高维多元数据集往往带有大规模特性，这对可视化系统的计算处理能力带来了巨大挑战。传统的可视化算法设计都是面向单处理单元或小规模集群的，而它们处理大规模数据的耗时不可接受，故而需要高效率的计算方法和处理手段。最早关注数据的大规模特性并提出有效解决方案的领域是高性能计算和科学可视化，这些领域还将数据的大规模特性应用到了如地震模拟、石油数据处理、气候模拟、生物医药等诸多领域。从经验出发,提高计算处理能力有两大策略:一是数据精简策略,缩小数据集以适应可视化的需求;二是并行计算策略,通过分而治之的思想,分割任务,通过多个计算节点的并行计算提高效率,如图2.41所示。由于应用领域的迫切需求,一些混合策略,如原位可视化也受到很多重视。将这些策略与应用领域的具体需求结合并进一步提升计算效率,是当前可视化发展的基础挑战之一。

（6）视觉效果优化。大规模特性带来的另一个挑战是数据视图显示模式的有效性。直接对大数据集进行可视化,会在有限的可视化空间中造成大量视觉变量的聚集和重叠,令模式识别变得异常困难。现阶段研究中对显示效果与可读性的优化方法可大致分为4类:①更改视觉变量;②空间变形方法,如将密度大的区域的点移动到密度低的区域;③密度估计,计算区域数据密度以便将实际显示的数据项控制在可以接受的范围内;④数据抽象,通常以聚类、分类的方式生成少数抽象对象,只可视化地呈现这些抽象对象以代替呈现每个数据对象,同时支持向下钻取的方式以支持查看选中的抽象对象的细节。以上方法的混合与改进、因地制宜地应用、与交互方法结合、评价模型的研究是该领域的主要挑战,如图2.42所示。

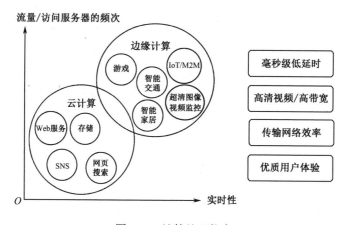

图2.41 计算处理能力

2. 发展目标

围绕以上6个方面的挑战,未来数据可视化的发展目标主要集中在以下两个方面。

迭代的数据探索过程

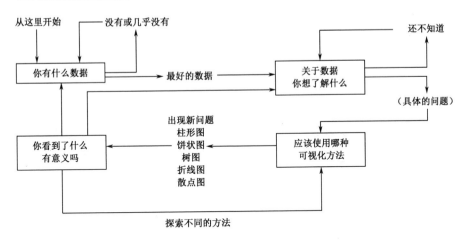

图 2.42　迭代的数据探索过程

（1）大数据可视化。数据密集型科学成为继实验、理论和计算仿真之后，科学研究手段的第 4 种范式。从海量涌现的数据中获取知识，验证科学假设，是科学前进和社会发展的驱动力。大数据的研究需要从国家战略高度认识大数据并开始行动，其着力点不仅在于进一步推进信息化建设，更在于以数据推动科研和创新。显而易见，大数据将引发新的智慧革命：从海量、复杂、实时的大数据中可以发现知识、提升智慧并创造价值。面型大数据，需要发展新的计算理论、数据分析、可视分析和数据组织与管理方法，并围绕实际科学和社会问题的求解设计新的工作流程和研究范式。

（2）以人为中心的探索式可视分析。发展到 21 世纪，可视化是一个涉及数据挖掘、人机交互、计算及图形学、心理学等交叉学科。在信息科学领域，分析被定义为一个"从数据中洞悉规律，以便更好地决策的科学过程"（2012 年 INFORMS 年会）。如何将可视化与分析有机地结合，开发高度集成的可视分析系统是未来一个重大的研究课题。

可视分析学的基本要素包括复杂数据的表示与变换、可拓展的数据智能可视化和支持用户分析决策的交互方法与集成环境等。它引导的分析推理模式，是探索复杂数据中蕴涵的新规律和新现象的催化剂。21 世纪以来，国际上逐步形成了可视化分析学的研究热潮。可视分析必将在国民经济、社会生活和国防安全的各个领域引申出重大应用难题，如天气预报、防灾减灾、数字城市、金融安全、社会网络等。如何结合相关学科的方法，研发面向各个应用领域的高效可视分析系统是一个持久的研究任务。

2.4.3　数据可视化作品赏析

1. 作品一：可视化技术应用于广播电视噪声数据处理

噪声数据是指数据中存在错误或异常值的数据，由于数据采集、传输、存储过程中设备异常或人为的误操作，噪声数据往往无法避免，而噪声数据的存在又会进一步影响数据质量。噪声数据处理是数据处理的一个重要环节，在对含噪声数据进行处理的过程中，现有的方法通常是找到这些孤立于其他数据的记录并删除掉，其缺点是事实上通常只有一个属性上的数据需要删除或修正，将整条记录删除将丢失大量有用的、干净的信息。通过数据可视化技术，可以找到数据中的异常值，再通过一定的方法进行处理，可提高数据质量。

本作品针对中国某省数字电视直播收视数据和对应的电视节目单数据，通过可视化技术进行噪声数据处理，为后续研究奠定基础。其中，收视数据是通过数字电视机顶盒采集的数据，以日期和地区为组织，具体包括客户机顶盒编号（cardNum）、频道编号（pdbh），在该频道驻留的开始时间（Skstart）和结束时间（Skend）。在一个数据文件中，观众（下文统一使用观众来代替广播电视节目的客户）从收看第一个频道开始产生第一条收视记录，之后每次更换频道均会产生一条新的收视记录，一个地区一日之内所有观众的全部收视记录都记录在一起成为一个数据文件，如表 2.2 所示。

表 2.2　观众收视数据表（部分）

cardNum	Skstart	Skend	pdbh
EA6808133C	2014/5/7 7:44:35	2014/5/7 8:24:29	22701031
EA68081338	2014/5/7 0:00:00	2014/5/7 5:12:26	20001081
EA68081338	2014/5/7 12:08:57	2014/5/7 12:41:09	21801011

电视节目单数据记录了每天该数字电视服务提供商提供的频道上播出的电视节目，具体包括节目和节目编号（jmbh）、节目开始时间（bctime）、节目结束时间（jstime）及所在的频道和频道编号（pdbh）等数据，其中广告不单独成条，较短的广告并入最近的节目中、较长的广告以时间空档来表现，如表2.3所示。

表2.3 节目单数据表（部分）

jmbh	pdbh	频道名	bctime	jstime	节目名	节目集号
4501	20101011	BTV-1	9:08:23	9:33:08	这里是北京	这里是北京
18269	20101011	BTV-1	9:33:08	10:22:12	金战	金战（4）
18269	20101011	BTV-1	10:22:12	11:11:04	金战	金战（5）
18269	20101011	BTV-1	11:11:04	12:00:08	金战	金战（6）

在之后的研究中，在对整合后的数据进行数据可视化时，一个后来被称为"15分钟线"的干扰数据集合被发现了。在探索性的数据分析之前，本书首先定义两个新的指标：收视入点（InPercent）和收视完整度（Integrity）。

$$InPercent = \frac{Skstart - Bctime}{Jstime - Bctime} \times 100\%$$

$$Integrity = \frac{Skend - Skstart}{Jstime - Bctime} \times 100\%$$

在上式中，Skstart 和 Skend 分别表示观众在某一频道上驻留时，开始收看某个节目的时间点和结束收看某个节目的时间点；Bctime 和 Jstime 分别代表该节目的播出时间和结束时间。

以某期 CCTV 1 新闻联播全部观众的收视行为为样本，以观众收视入点为横坐标，以观众收视完整度为纵坐标，绘制二维直角坐标系下的散点图，每个点代表观众一次收看该节目的收视行为，如图2.43所示。

从图2.43中可以很明显地看出，在 Integrity=0.48 附近有一条平行于横坐标轴的由密集的数据点组成的数据集中区域。其表征的具体意义是，无论从何时开始收看这期新闻联播，观众都在收看满 15 分钟后离开该频道。这条数据条呈现出与周围点密度完全不符的现象，为了确认这并非是偶尔发生的现象，我们绘制了次日新闻联播收视图、某期快乐大本营收视图进行对比分析。

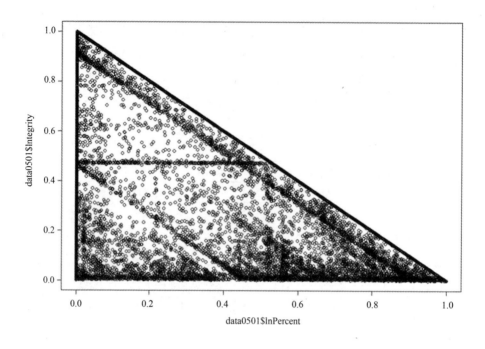

图 2.43　CCTV1 新闻联播观众收视散点图（预处理前）

经过一番查证发现，这条数据聚集并非偶然出现，我们推测这条"15 分钟线"是机顶盒的某些内置设置导致的，观众在一个频道上驻留达到 15 分钟时，电视会自动跳转到主页。而这一自动跳转机制在该图上显性表征为"15 分钟线"，实际上这一现象普遍地存在于任意时段。为了较好地剔除这部分自动数据，同时又不过量剔除正常的收视数据，我们选择"前后端均无收视行为且单次收视行为持续时间在 880~920 秒"作为剔除条件。最后利用清理得到的数据绘制的收视图如图 2.44 所示。

统计数据点集的分布发现，除"15 分钟线"部分的数据点被剔除了一部分外，在 x=0 的铅垂线上也有部分数据点被剔除，这种情况验证了"这一现象普遍地存在于任意时段"的预期假设。至此，我们通过可视化技术，找到了噪声数据并进行了清洗，保证了数据质量，为后续进一步分析奠定了基础。

2. 作品二：可视化技术应用于广播电视用户收视行为分析

在大数据时代到来的大背景下，为了将数据之中蕴藏的财富挖掘出来，能将大数据的处理过程抑或是得到的分析结论进行可视化展示就显得越来越重要了。而广播电视的收视数据是众多数据源中非常有价值的一部分，它将对广播电视的推荐系统及广告投放产生"个性化"的重大影响。本作品将描述广播电视用户收视行为数据进行可视化的过程，作品使用 D3.js 和 R 语言作为辅助工具，将从个人用户的收视行为特征、用户数据的聚类过程、群体用户总体的收视行为特征 3 个方面进行可交互操作函数设置，在美观及聚类效果实现的基础上进行数据可视化展示，如图 2.45 所示。

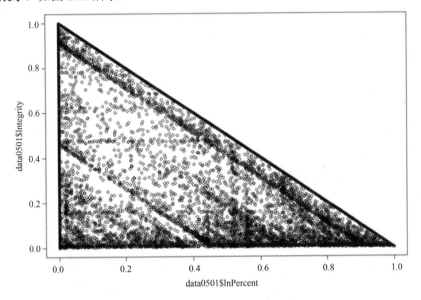

图 2.44　CCTV1 新闻联播观众收视散点图（预处理后）

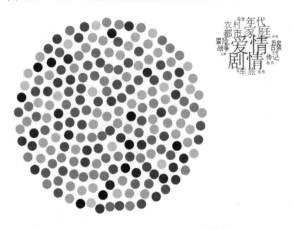

图 2.45　个人用户收视行为特征

(1)个人用户的收视行为特征。这个模块调用 R 语言词云包,词云通过字体的大小表示用户对节目的喜爱程度,即当用户单击某一用户时,我们可以看到个人用户的收视行为体征,字体越大说明用户越喜欢该类型节目。

注:为了充分体现个人用户的行为体征,我们采用扁平化标签体系对节目进行划分,共有 29 个标签,"爱情""动画""动作""犯罪""古装""家庭""剧情""军旅""历史""伦理""冒险""年代""偶像""武侠""喜剧""战争""传记""当代""都市""儿童""农村""奇幻""刑侦""悬疑""音乐""谍战""歌舞""惊悚""神话"。

(2)用户数据的聚类过程。这个模块采用数据分析 K-MEANS 算法和 D3.js 中的力学图函数。其中,K-MEANS 函数实现聚类过程,将收视偏好相同或相似的用户分到同一类群体,将收视偏好具有较大差异的用户分到不同群体;D3.js 中的力学图函数是通过建立点与点之间的力学关系进行展示的,当单击鼠标触发聚类事件后,会根据 K-MEANS 算法的聚类结果,在不同用户节点间建立矢量关系,并将这种关系通过可视化方法呈现出来,如图 2.46 所示。

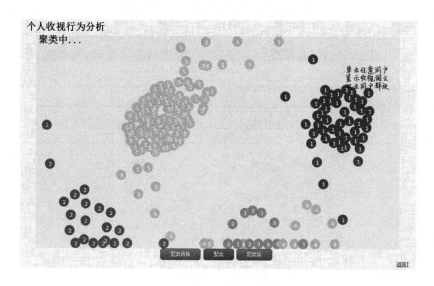

图 2.46 用户数据的聚类过程

(3)群体用户总体的收视行为特征。本模块采用数据分析 K-MEANS 算法和

D3.js 中的和弦图函数。除和弦图的基本内部外部弦之外，我们需要在弦图每个属性值的外圈加上属于该类的标签值，在圆弧中的弧长越大表示该类群体用户收看这类节目的收视行为比例越高。如图 2.47 所示，可以看到类别 3 的群体用户收看最多的分别是都市、偶像类节目。我们可以采用同样的方法分析每类群体用户的收视行为特征，后期以群体用户为单位，为他们推荐喜欢的节目。

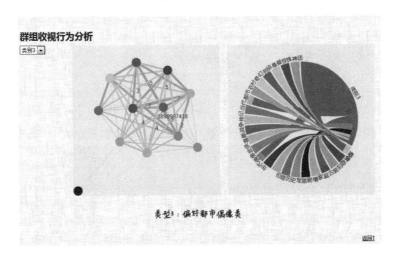

图 2.47　群体收视行为分析

3. 作品三：可视化技术应用于影视艺人关系挖掘

由于电影是一种经验品，即先购票再看电影，消费者有较高的决策风险。因此，电影观众会尽可能在购票前搜寻电影产品的相关信息以帮助决策和建立产品的预期，而艺人之前的成功合作无疑是最有效的宣传品。同时，艺人的合作范式在前期电影融资、电影制作等方面，都能发挥协同效应，创造出极大的经济、社会、文化价值。同时，挖掘此类合作关系对未来选片、选导、选角都有重要的作用，也为预测电影的成功与否提供了相应的参考。

为了探究影视艺人复杂的合作关系网络，本书提出基于关联规则的影视艺人的关系挖掘技术，通过互联网爬虫技术获取 200 部影片中影视艺人的合作关系数据，采用 Apriori 算法对数据集进行关联分析，并结合提升度等兴趣因子筛选关联规则，最终通过可视化技术构建影视艺人合作关系网络，如图 2.48 所示。

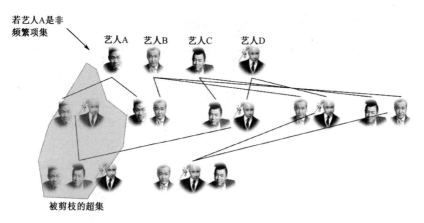

图 2.48　影视艺人合作关系剪枝示意图

为了提高生成频繁合作项集的效率,基于先验原理对候选频繁合作项集进行剪枝,即如果一个项集是频繁的,则它所有的子集一定也是频繁的。

从互联网找到 200 部电影的主要艺人合作关系数据,对其进行分析与可视化展现。如图 2.49 所示,括号内为影视艺人频繁合作项集,箭头代表满足阈限的关联规则,即影视艺人集合间的合作关系。

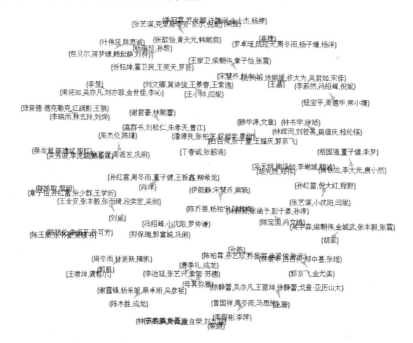

图 2.49　影视艺人合作关系的有向图

从图 2.49 中可以看到多组艺人近年来的电影合作情况。为进一步研究特定影片中艺人的合作关系网络，通过筛选关联规则，得到其近年来合作关系的有向图。选取黄渤得到的合作关系有向图，如图 2.50 所示。

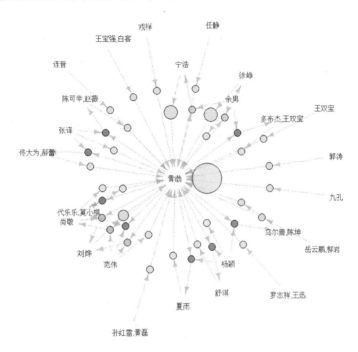

图 2.50　黄渤关联规则的有向图

有向图中的箭头指向代表关联规则，节点圆圈的大小代表支持度的高低，圆圈颜色的深浅代表提升度的高低。从图 2.50 中我们不难发现，黄渤与宁浩、徐峥、刘烨等人近年来有过多次合作。以黄渤、宁浩、徐峥三人为例，黄渤、徐峥在 2006 年共同出演了宁浩导演的《疯狂的石头》，该电影凭借着精良的制作，最终票房与口碑双丰收。自此以后，三人又合作了《无人区》《心花路放》等多部电影，也都收获了不错的票房。

4. 作品四：可视化技术应用于广播电视收视率大屏展示

该系统是歌华有线大样本收视数据实时分析系统，包括直播业务、回看业务及点播业务 3 个分析界面。直播业务分析界面包括北京地区直播频道收看实时在线率（板块一）、北京地区有线电视用户每日开机率（板块二）、所有节目频道收视率实时排名（板块三）、北京地区频道实时收视份额（板块四），如图 2.51 所示。从图 2.51 中可以看出，在北京，电视每天的开机率高达 60%。

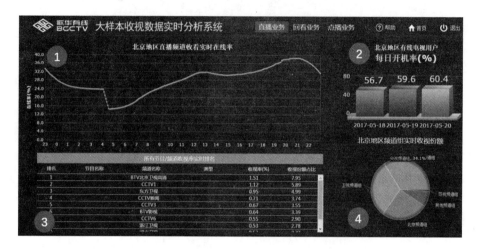

图 2.51　广播电视直播业务数据分析（一）

单击某一频道时，可以进行数据下钻，分析该频道在北京不同区域的收视分布及在不同时间点的观众流入流出情况，如图 2.52 所示。从图 2.52 中可以看出，BTV 北京卫视高清频道的收视率远远高于 BTV 北京卫视频道。而从时间维度分析，可以看出每天早上 8 点到晚上 8 点，收视率处于一天中的高峰时段。

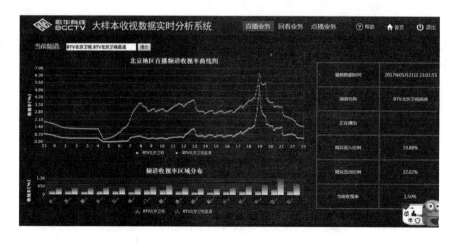

图 2.52　广播电视直播业务数据分析（二）

回看业务分析界面包括北京地区回看业务用户实时在线率（板块一）、回看业务指标分析（板块二）、北京歌华回看业务频道收看户数排名（板块三）、今日累计回看节目排名（板块四）、实时回看节目排名（板块五），如图 2.53 所示。从图 2.53 可以看出，在 2017 年 5 月 21 日，信者无敌、欢乐颂、奔跑吧、跨界歌王等节目回看次数最多。

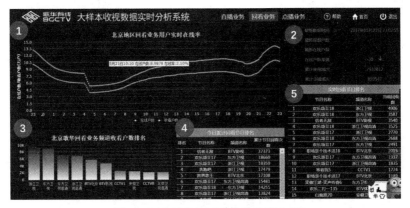

图 2.53　广播电视回看业务数据分析

点播业务分析界面包括北京地区有线电视用户点播业务实时在线率（板块一）、点播业务指标分析（板块二）、点播区域分布（板块三）,电视院线影片实时点播分布（板块四）、电视院线影片今日点播累计排名（实时）（板块五），如图 2.54 所示。从图 2.54 中可以看出，在 2017 年 5 月 21 日，欢乐喜剧人、欢乐好声音（中文配音）、美女与野兽（中文配音）、非凡任务等节目点播次数最多。

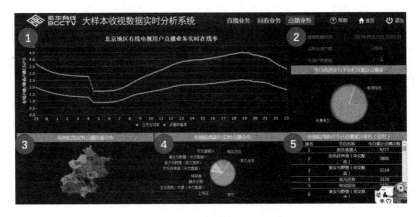

图 2.54　广播电视点播业务数据分析

5. 作品五："可视化技术应用于"天猫双 11"购物大屏展示

该系统是"天猫双 11 产品销量数据"实时分析系统，包括全国（区域）经济分析界面、深圳（地域）经济分析界面、网站实时流分析界面，这几个可视化模块从不同角度进行消费者用户画像分析，找到用户消费偏好和消费习惯，从而达到精准营销的目的。

在全国（区域）经济分析界面中，主要展示了超级会员的省/地区排行、超级会员的城市排行，可分析目前会员所在地域。单击某一地区时，可以进行数据下钻，如单击北京地区时，可以看到北京地区某商品的历史双 11 消费对比、北京地区不同区域排行（东城、海淀、朝阳等）、北京地区最受欢迎的商品、超级会员占全国比例情况、全球热门旅游目的地及北京消费者年龄分布情况。

在深圳（地域）经济分析界面中，通过地理可视化技术，将双 11 当天的交易数据与城市地理信息结合，主视觉是城市楼宇，楼房的颜色代表该楼房内订单金额的大小，颜色越红代表订单金额越高，右侧的面板展示用户的人群画像等信息。例如，在该界面中，我们可以查看在深圳市宝安区商品历史双 11 消费对比、国内热门旅游景点、消费者性别年龄分布及最受欢迎的商品。同样地，我们也可以查看深圳市其他区域的产品销售情况，如南山区、福田区、罗湖区、龙岗区等。

在网站实时流分析界面中，可视化技术与数据埋点技术相结合，在用户使用网站或者手机 App 访问系统时，我们可以通过提前设置好的数据坑位实时捕捉用户的行为信息，即用户是谁（who）、用户在哪里（where）、用户做了哪些事件触发（what）、用户什么时间触发行为（when）、用户如何触发行为（how）。在该界面中，我们可以看到网站实时访问数量、网站 PV 变化趋势情况、访问设备来源及不同地域的访问情况。通过网站实时访问数量，我们可以发现在一天中、一月中或一年中哪个时间点网站处于访问高峰，进一步分析当时做了哪些广告或促销活动吸引用户访问网站；通过访问设备来源，我们可以找出用户更多通过什么途径访问目标网站，如 Windows 计算机终端、iPhone 手机终端或 Android 手机终端，进一步确定未来投放广告的渠道；通过不同地域的访问情况，我们可以找到目标客户所在地域。通过以上可视化分析，我们可以为目标消费者建立用户画像行为，为接下来的广告精准投放提供数据支撑。经常有人会问，微信客户端为什么总能投放我们感兴趣的广告，并且可以做到千人千面，不同广告投放给不同人群？其实方法是一样的，只需要像这里所做的可视化分析一样，找到who、where、when、what、how，如当你为别人发的朋友圈点赞时，微信就已经捕捉到了你的行为，了解到了你感兴趣的产品，接下来就是在适合的时间把广告推送给你。

第三章
数据从哪来

在上一章的内容中,我们给大家介绍了数据可视化的内涵与意义、基本框架与分类方法,以及数据可视化发展历程与未来展望,通过对之前内容的学习,我们会发现数据可视化是一种艺术与技术的结合,通过数据可视化可以诠释数据背后的商业价值,无论是过去、现在还是未来,无论对我们的生活还是对企业的发展,数据可视化都是至关重要的。而数据可视化的技术基础是数据,只有当我们获取到足够多的数据,才能挖掘隐藏在数据背后的数据价值。可以说,数据获取是进行数据可视化的前提和基础。在信息化的时代下,数据已经发生了翻天覆地的变化,无论是数据的规模、结构还是处理方法,都与传统数据有着截然不同的特点。本章首先介绍数据的统计性特性,通过数据探索挖掘数据背后的商业价值;其次,介绍常见的数据获取途径与方法,重点介绍一种互联网爬虫工具——集搜客;最后通过集搜客工具的使用,介绍网页数据的获取方法。通过本章内容,读者能够熟知获取互联网数据的方法,为实现数据可视化奠定基础。

3.1 数据与数据获取

数据(data)是对客观事物的逻辑归纳,数据用符号、字母等方式对客观事物进行直观描述。数据是进行各种统计、计算、科学研究或技术设计所依据的数值(是反映客观事物属性的数值),是表达知识的字符的集合。信息与数据既有联系,又有区别。数据是信息的表现形式和载体,可以是符号、文字、数字、语音、图像、视频等。而信息是数据的内涵,信息是加载于数据之上,对数据做具有含义的解释。数据和信息是不可分离的,信息依赖数据来表达,数据则生动具体地表达出信息。要想真正诠释与传递信息的价值,首先我们要了解数据。

3.1.1 数据与大数据

数据作为信息的载体,通过一些有意思的符号组合,来记录客观事物的性质、状态及相互关系。数据可以是狭义上的数字;也可以是具有一定意义的文字、字母、数字符号的组合,图形,图像,视频,音频等;还可以是客观事物的属性、数量、位置及其相互关系的抽象表示。例如,"0、1、2……""阴、雨、下降、气温""学生的档案记录、货物的运输情况"等都是数据。

由于测量对象特征、测量精度及研究视角的差异,所以产生了不同类型的数据。而所研究数据类型不同,数据可视化呈现的方法也将产生差异,因此,在进行数据可视化之前,必须厘清数据的不同分类方法。进行数据分类必须遵循两个重要的原则:互斥原则和穷尽原则,如图 3.1 所示。互斥原则是指每个数据只能划归到某一类型中,而不能既是这一类,又是那一类,如当我们讨论性别时,每个人不是男性就是女性,不可能同时属于两个类别。穷尽原则是指所有被观察的数据都可被归属到适当的类型中,没有一个数据无从归属,如我们把学历分为本科、硕士、博士,而某个人是小学学历或高中学历,在上述类别中无法找到这个人的类别属性,这说明我们对于学历这个属性的类别划分是不合理的。

图 3.1 数据分类原则

1. 数据的分类

从不同的角度看问题，数据就有不同的分类方法，形成不同的类型，如图3.2所示。根据数据量级划分，可以将数据分为传统数据和大数据；根据数据结构性划分，可以将数据分为结构化数据、半结构化数据、非结构化数据。结构化数据是在数据可视化过程中最常使用的一种数据，根据测量精度划分，结构化数据可以划分为品质数据、数值型数据；根据数据连续性划分，结构化数据可以分为离散型数据和连续型数据；根据时间特点划分，结构化数据可以划分为截面数据、时间序列数据、面板数据；根据采集方式划分，结构化数据可以分为一手数据和二手数据。

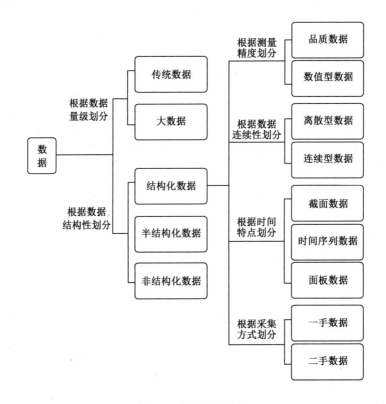

图3.2 数据分类方法

首先，我们来介绍传统数据和大数据的区别。所谓的传统数据，通常是指结构化数据，简单来说就是数据库，结合到典型场景中更容易理解，如企业的ERP

和财务系统、医疗 HIS 数据库、教育一卡通、政府行政审批、其他核心数据库等。这些数据通过二维表的结构进行逻辑表达和实现，严格地遵循数据格式和长度规范，主要通过关系型数据库进行存储和管理。而大数据是指无法在一定时间范围内用常规软件工具进行捕捉、管理和处理的数据集合，是需要利用新处理模式才能具有更强的决策力、洞察发现力和流程优化能力的海量、高增长率和多样化的信息资产。在维克托·迈尔·舍恩伯格和肯尼斯·库克耶编写的《大数据时代》中，大数据不用随机分析（抽样调查）这样简单的方法，而是将所有数据进行分析处理。传统数据和大数据具有本质的不同，大数据的特点如图 3.3 所示。

图 3.3　大数据的特点

（1）大数据重预测，传统数据重决定。大数据是从不确定性中找确定性，大数据的分析方式是自下而上的知识发现和预测过程，这种分析方式是在一堆杂乱无章的数据中找到数据背后的规律。传统数据分析通常会采用统计学方法，其分析方式是自上而下的。

（2）大数据重感知，传统数据重精准。大数据可以做整体上的感知，其影响范围更广，如舆情监测、流感监测、网络营销、智慧城市管理等。传统数据通常更关注数据的真实性和代表性，传统数据更聚焦。大数据往往包含众多真假难辨的数据，而传统数据通常会对数据来源进行严格的甄别，所以传统数据更精准。

（3）大数据重相关，传统数据重因果。大数据通常更注重是什么而不纠结于为什么，通过相关性来给出问题的解决方案。传统数据是结果导向，更注重现象背后的内在机理，更关注为什么。

（4）大数据重群体，传统数据重个体。大数据的应用通常更注重群体性行为的分析结果，如网络消费的大数据分析等，传统数据往往更注重个体的行为分析结果，个性化是传统数据的重要特点。

其次，我们对比结构化数据、半结构化数据和非结构化数据的异同。结构化数据也称行数据，是由二维表结构来逻辑表达和实现的数据，它严格地遵循数据格式和长度规范，主要通过关系型数据库进行存储和管理。结构化数据标记是能让网站以更好的姿态展示在搜索结果当中的方式。进行结构化数据标记，能使网站在搜索结果中良好地展示丰富的网页摘要。这种数据结构的主要特点是：数据以行为单位，一行数据表示一个实体的信息，每行数据的属性是相同的，如表3.1所示。

表 3.1　结构化数据案例

ID	Name	Gender	Phone	Address
1	张一	Female	3337899	湖北省武汉市
2	王二	Male	3337499	广东省深圳市福田区
3	李三	Female	3339003	广东省深圳市南山区

非结构化数据是数据结构不规则或不完整、没有预定义的数据模型，非结构化数据不方便用数据库二维逻辑表来表现。非结构化数据的格式非常多样，标准也是多样的，而且在技术上非结构化信息比结构化信息更难被标准化和理解。常见的办公文档、文本、图片、HTML、各类报表、图像和音频/视频信息等都属于非结构化数据。

半结构化数据具有一定的结构性，是一种适于数据库集成的数据模型。也就是说，半结构化数据是适于描述包含在两个或多个数据库（这些数据库含有不同模式的相似数据）中的数据。它也是一种标记服务的基础模型，用于在 Web 上共享信息。常见的半结构化数据有 XML 和 JSON，如图 3.4 所示。

```
1  <person>
2
3      <name>A</name>
4
5      <age>13</age>
6
7      <gender>female</gender>
8
9  </person>
```

图 3.4　半结构化数据案例

2. 结构化数据

在进行数据可视化的过程中，最常见的往往就是结构化数据。根据划分准则的不同，结构化数据的分类方法也各不相同。

1）根据测量精度划分

根据测量精度，结构化数据可以划分为品质（定性）数据和数值型（定量）数据，如图 3.5 所示。

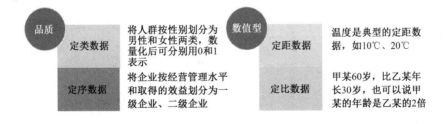

图 3.5　品质数据与数值型数据

（1）品质数据是不具备计算能力的字符数据类型，包括中文字符、英文字符、数字字符（非数值型）等。品质数据又可以进一步划分成定类数据和定序数据，定类数据表示个体在属性上的特征或在类别上的不同变量，仅仅是一种标志，没有序次关系，如"性别"中，男性编码为 0，女性编码为 1；定序数据用数字表示个体在某个有序状态中所处的位置，不能做四则运算，如在"受教育程度"中，设文盲半文盲为1、小学为2、初中为3、高中为4、大学为5、硕士研究生为6、博士及其以上为7。

（2）数值型数据是直接使用自然数或度量单位进行计量的数据类型。数值型数据可直接用算术方法进行汇总和分析，这点是区分数据是否属于数值型数据的重要依据。数值型数据又可以进一步划分为定距数据和定比数据，定距数据是具有间距特征的变量，有测量单位，没有绝对零点，可以做加减运算，不能做乘除运算，如温度；定比数据既有测量单位，也有绝对零点，如职工人数、身高、年龄。

2）根据数据连续性划分

根据数据连续性划分，结构化数据可以分为离散型数据和连续型数据，如图 3.6 所示。离散型数据是指其数值只能用自然数或整数单位计算的变量，如企业个数、职工人数、设备台数等只能按计量单位数计数，这种变量的数值一般用计数方法取得；反之，在一定区间内可以任意取值的数据称为连续型数据，其数值是连续不断的，相邻两个数值可进行无限分割，即可取无限个数值，如生产零件的规格尺寸、身高、体重、胸围等，其数值只能用测量或计量的方法取得。品质数据只能是离散型数据，数值型数据可以是离散型数据，也可以是连续型数据。

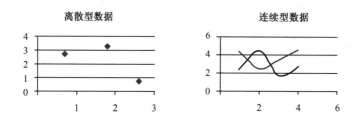

图 3.6　离散型数据与连续型数据（示意）

3）根据时间特点划分

为了采用不同的方法分析数据，可根据数据所反映的时间特点将其划分为截面数据、时间序列数据和面板数据。截面数据是所收集的不同单位在同一时间的数据，时间序列数据是所收集的同一总体或单位在不同时间的数据，而面板数据则是不同单位在不同时间的数据。例如，所有上市公司公布的 2007 年的年度净利润就是截面数据，而某公司公布的 2007—2010 年的年度净利润就是时间序列数据。所有上市公司 2007—2010 年的年度净利润则既有横截面数据的特征，又有时间序列数据的特征，属于面板数据，如图 3.7 所示。

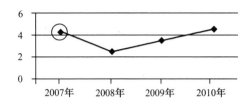

图 3.7　截面数据、时间序列数据和面板数据（示意）

4）根据采集方式划分

根据采集方式划分，结构化数据可以分为一手数据和二手数据。一手数据也称为原始数据，顾名思义，是指没有经过加工或第三方传递而直接获取的数据。例如，传统调研中通过问卷评测、小组访谈、面对面沟通等形式获得的数据；或者是用户在互联网直接填写的个人信息数据及平台抓取的行为数据等；二手数据相对于一手数据而言，是指通过第三方或者从现有的数据资料中获取的数据，如国家统计局数据、文献中罗列的数据等。

一手数据和二手数据，在实际应用中都是非常重要的，它们有不同的优缺点，可以相互补充，帮助企业在效果和效率间找到较好的平衡，如表 3.2 所示。

（1）一手数据通常是结合使用者的项目需求进行量身定制，因此需要耗费一定成本，收集数据所需要的时间也相对较长。在拿到原始数据后，需要先进行完整的数据清洗才能使用，但是相应的，因为采集流程可控，所以数据的准确性和相关性也更加可控。使用者对于数据的理解会更加准确。

（2）二手数据，不需要使用者自行收集，所以成本相对偏低，获取的用时会相对短一些。由于大部分第三方机构用于展示或者用于交换的数据会先进行初步清洗，因此这部分工作量也会有一定程度的减少。但是由于数据采集并不是专门为使用者设计的,因此数据与项目的相关性也会降低;同时数据的准确性也不可控,主要依赖第三方的技术。在数据传输过程中,由于人为或流程的误差,也可能会造成对数据理解的偏差。

(3)在实际项目中,一般会把一手数据和二手数据进行结合。对于一些普遍性的数据,或者用于对标的数据,可以考虑采用权威的第三方机构作为数据来源,这样可以减少数据收集成本和收集时间。而对于一些自身容易获取的数据,可以自己搭建采集渠道获取一手数据,以避免分析结果的误差。

表 3.2 一手数据与二手数据对比

数据类型	优点	缺点
一手数据	相关性强 准确度高 理解准确	成本贵 耗时长 清洗工作重
二手数据	成本低 时间短 清洗工作少	比较普适,相关性弱 准确度不可控 理解可能存在偏差

3.1.2 数据统计性特征

数据的统计特征是统计学的基本概念之一,在用数理统计方法研究总体时,人们所关心的实际上并非是组成总体的各个个体本身,而是主要考察与它们相联系的某个(或某些)特征。在研究有关特征在总体的各个个体间的分布情况时,将所要考察的特征称为总体的统计特征。在描述数据的统计特征时,常见的评估标准包括数据的集中趋势、离散程度、相关性程度及描述数据统计特征的可视化视图。

1. 数据的集中趋势

数据统计特征的第一个维度是数据的集中趋势描述。数据的集中趋势描述是寻找反应事物特征的数据集合的代表值或中心值,这个代表值或中心值可以很好地反映事物目前所处的位置和发展水平，通过对事物集中趋势指标的多次测量和比较，还能说明事物的发展和变化趋势。数据的集中趋势描述的形式包括数据均值、数据中位数和数据众数，如图 3.8 所示。

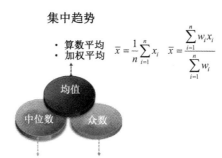

图 3.8　数据的集中趋势指标

（1）数据均值。数据均值可以分为简单算术平均值和加权算术平均值，简单算术平均值是最经典、最常用、最具有代表性的集中趋势指标，它将数据集合的所有数据值相加，然后除以数值个数得到简单算术平均值；加权算术平均值在计算过程中充分考虑不同属性的特征权重，根据属性的重要程度赋予不同加权比例。数据均值主要用于定距数据，表示数据集合的集中趋势，也能用于定类数据和定序数据。决定数据均值是否使用的前提条件是求得的平均值是否具有现实意义。

（2）数据中位数。对于有限的数集，若观察值有奇数个，就可以通过把所有观察值按高低进行排序，然后找出正中间的一个作为中位数；当观察值有偶数个时，通常取中间两个数值的平均数作为中位数。数据中位数与数据均值相比，其优势在于不受数据集合中个别极端值的影响，表现稳定，这个特点使其在数据集合的数据分布有较大偏斜时，能够保持对数据集合特征的代表性。因此，数据中位数常被用来度量具有偏斜性质的数据集合的集中趋势。

（3）数据众数。数据集合中出现次数最多的数值被称为众数。如果在一个数据集合中，只有一个数值出现的次数最多，那么这个数值就是该数据集合的众数；如果有两个或多个数值出现的次数并列最多，那么这两个或多个数值都是该数据集合的众数；如果数据集合中所有数据值出现的次数相同，那么该数据集合没有众数。众数对定类数据、定序数据、定距数据和定比数据都适用,都能表示由它们组成的数据集合的数据集中趋势。

2. 数据的离散程度

数据统计特征的第二个维度是数据的离散趋势。在统计学上,数据的离散趋势描述观测值偏离中心位置的趋势,反映了所有观测值偏离中心的分布情况。我们经常会碰到平均数相同的两组数据其离散程度不同。一组数据的分布可能比较集中,差异较小,则其平均数的代表性较好;另一组数据可能比较分散,差异较大,则其平均数的代表性就较差。描述一组计量资料离散趋势的常用指标有方差、标准差、极差、四分位数、变异系数等,如图3.9所示。方差、极差、四分位数、变异系数介绍如下。

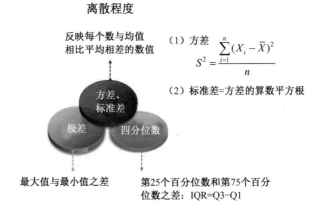

图 3.9 数据的离散趋势指标

(1)方差是在概率论与统计学中,衡量随机变量或一组数据离散程度的度量。在概率论中,方差用来度量随机变量和其数学期望(即均值)之间的偏离程度;在统计学中,方差(样本方差)是每个样本值与全体样本值的平均数之差的平方值的平均数。在许多实际问题中,研究方差(即偏离程度)具有重要意义。当数据分布比较分散(即数据在平均数附近波动较大)时,各个数据与平均数之差的平方和较大,方差就较大;当数据分布比较集中时,各个数据与平均数之差的平方和较小。因此方差越大,数据的波动越大;方差越小,数据的波动就越小。方差的计算相对简单,因此方差是描述数据离散程度最常用的统计量。

（2）极差。极差又称范围差或全距,用来表示统计资料中的变异量数,其最大值与最小值之间的差距,即最大值减最小值所得之数据。它是标志值变动的最大范围,是测定标志变动的最简单的指标。

（3）四分位数。四分位数是将一组数据由小到大（或由大到小）进行排序,用3个点将全部数据分为4等份,与这3个点位置上相对应的数值称为四分位数,分别记为$Q1$（第一四分位数），说明数据中有25%的数据小于或等于$Q1$，$Q2$（第二四分位数，即中位数）说明数据中有50%的数据小于或等于$Q2$，$Q3$（第三四分位数）说明数据中有75%的数据小于或等于$Q3$。其中，$Q3$到$Q1$的距离之差的一半又称为四分位差，记为$(Q3-Q1)/2$。四分位差反映了中间50%数据的离散程度，其数值越小，说明中间的数据越集中；其数值越大，说明中间的数据越分散，四分位差不受极值的影响。此外，由于中位数处于数据的中间位置，因此，四分位差的大小在一定程度上也说明了中位数对一组数据的代表程度。四分位差主要用于测度顺序数据的离散程度。四分位差适用于数值型数据，但不适用于分类数据。

（4）变异系数。当需要比较两组数据的离散程度时，如果两组数据的测量尺度相差太大或数据量纲不同，不合适直接使用标准差进行比较，此时应当消除测量尺度和量纲的影响，变异系数就可以做到这一点，它是原始数据标准差与原始数据均值的对比。变异系数没有量纲，这样就可以进行客观的比较了。事实上，可以认为变异系数与方差、极差一样，都是反映数据离散程度的绝对值。其数据大小不仅受变量值离散程度的影响，还受变量值平均水平大小的影响。

3. 数据的相关性程度

数据相关性是指数据之间存在某种关系。大数据时代，数据相关性分析因其具有可以快捷、高效地发现事物间内在关联的优势而受到广泛关注，并可有效应用于推荐系统、商业分析、公共管理、医疗诊断等领域。数据相关性可以通过时序分析、空间分析等方法进行。数据相关性分析也面临着高维数据、多变量数据、大规模数据、增长性数据及其可计算等方面的挑战。

常见的相关系数指标包括 Pearson 相关系数、Spearman 秩相关系数、Gamma 相关系数等。其中，Pearson 相关系数是最常用的指标，它用来衡量两个数据集合是否在一条线上，即用来衡量定距变量间的线性关系。Pearson 相关系数的取值范围为[-1, 1]，当其取值在-1～0 之间时，说明两个变量存在负相关关系，即随着一个变量的增长，另外一个变量会下降；当其取值在 0～1 之间时，说明两个变量存在正相关关系，即随着一个变量的增长，另外一个变量会增长；当其取值为 0 时，说明两个变量不存在相关关系，如图 3.10 所示。

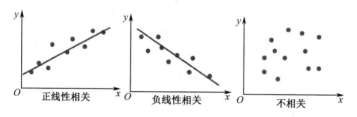

图 3.10　数据的相关程度

我们来看一个例子，为研究销售收入与广告费用支出之间的关系，某医药管理部门随机抽取 20 家药品生产企业，得到它们的年销售收入和广告费用支出（万元）的数据，绘制散点图描述销售收入与广告费用之间的关系并进行相关性分析，如图 3.11 所示。不难发现，将企业的广告费用作为自变量，将销售收入作为因变量，两个变量之间的相关系数取值为 0.8，即两个变量值之间存在较强的正相关关系，即随着公司对广告投入的增加，销售收入也会不断上升。

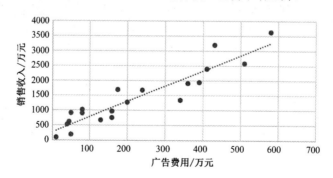

图 3.11　数据的相关性分析案例

4. 描述数据统计特征的可视化视图

对于数据的统计特征，通过之前介绍的集中趋势、离散程度、相关性程度等可以发现一些规律，但这些规律无法清晰地呈现出来，往往要通过复杂的计算才能得到最终的结果，这就对分析师提出了较高的要求。实际上，我们可以借助可视化手段，通过一些特殊的统计图表，来找到不同数据间的关联，常见的描述数据统计特征的可视化视图包括箱形图、直方图、分位数（Q-Q）图等。

（1）箱形图。箱形图（Box-plot）又称为盒须图、盒式图或箱线图，是一种用于显示一组数据分散情况资料的统计图，因其形状如箱子而得名，如图3.12所示。它主要用于反映原始数据分布的特征，还可以进行多组数据分布特征的比较。箱形图的绘制方法是：先找出一组数据的上边缘、下边缘、中位数和两个四分位数；然后连接两个四分位数画出箱体；再将上边缘和下边缘与箱体相连，中位数在箱体中间。另外，箱形图为我们提供了识别异常值的一个标准，当数据值小于Q1-1.5IQR或大于Q3+1.5IQR的值，我们把该数值标注为异常值。

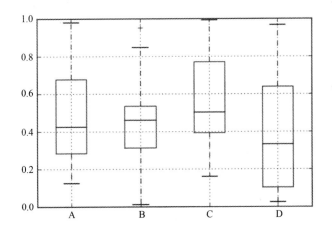

图3.12　箱形图（示意）

（2）直方图。直方图（Histogram），又称质量分布图，是一种统计报告图，它由一系列高度不等的纵向条纹或线段表示数据分布的情况，如图3.13所示。一般用横轴表示数据类型，用纵轴表示分布情况。为了构建直方图，第一步是将值的范围分段，即将整个值的范围分成一系列间隔，然后计算每个间隔中有多少值。

这些值通常被指定为连续的、不重叠的变量间隔。间隔必须相邻，并且通常是（但不是必需的）相等的大小。在质量管控过程中，直方图通过对收集到的貌似无序的数据进行处理，来反映产品质量的分布情况，判断和预测产品质量及不合格率。

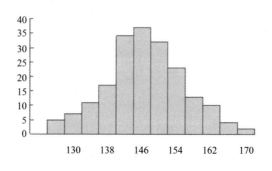

图 3.13　直方图（示意）

（3）分位数（Q-Q）图。分位图（Q-Q）图是一种通过比较两个概率分布的分位数对这两个概率分布进行比较的概率图方法，如图 3.14 所示。首先选定分位数的对应概率区间集合，在此概率区间上，点(x, y)对应于第一个分布的一个分位数 x 和第二个分布在与 x 相同概率区间上相同的分位数。因此画出的是一条含参数的曲线，参数为概率区间的分割数。如果被比较的两个分布比较相似，则其 Q-Q 图近似地位于 y=x 上。如果两个分布线性相关，则 Q-Q 图上的点近似地落在一条直线上，但并不一定是 y=x。Q-Q 图可以比较概率分布的形状，从图形上显示两个

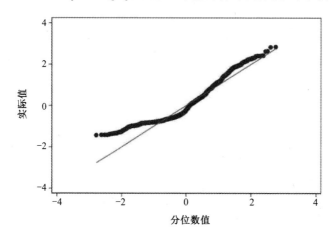

图 3.14　分位数（Q-Q）图（示意）

分布的位置，尺度和偏度等性质是否相似或不同；还可以比较一组数据的经验分布和理论分布是否一致。另外，Q-Q 图也是一种比较两组数据背后随机变量分布的非参数方法。一般来说，在比较两组样本时，Q-Q 图是一种比直方图更加有效的方法，但是理解 Q-Q 图需要更多的背景知识。

3.1.3 数据探索与案例分析

本节将通过一个大型案例——摩拜单车使用量情况，对之前介绍的数据统计性特征进行回顾，系统地学习如何在日常工作生活中，通过数据可视化的方法，找到数据背后蕴涵的重要信息。

首先，我们来看案例中所用到的数据，如表 3.3 所示（总共有 10886 条数据样本，这里只给出数据样例）。

表 3.3 摩拜单车使用量数据样本

datetime	season	holiday	workingday	weather	temp	atemp	humidity	windspeed	casual	registered	count
2011-1-1 00:00	1	0	0	1	9.84	14.395	81	0	3	13	16
2011-1-1 01:00	1	0	0	1	9.02	13.635	80	0	8	32	40
2011-1-1 02:00	1	0	0	1	9.02	13.635	80	0	5	27	32
2011-1-1 03:00	1	0	0	1	9.84	14.395	75	0	3	10	13
2011-1-1 04:00	1	0	0	1	9.84	14.395	75	0	0	1	1
2011-1-1 05:00	1	0	0	2	9.84	12.88	75	6.0032	0	1	1
2011-1-1 06:00	1	0	0	1	9.02	13.635	80	0	2	0	2
2011-1-1 07:00	1	0	0	1	8.2	12.88	86	0	1	2	3
2011-1-1 08:00	1	0	0	1	9.84	14.395	75	0	1	7	8
2011-1-1 09:00	1	0	0	1	13.12	17.425	76	0	8	6	14

表 3.3 中，datetime 表示日期，包括年-月-日时间；season 表示季节，其中 1 为春、2 为夏、3 为秋、4 为冬；holiday 表示是否为节假日，其中 0 为否、1 为是；workingday 表示是否为工作日，其中 0 为否、1 为是；weather 表示天气，其中 1 为晴天多云等（良好）、2 为阴天薄雾等（普通）、3 为小雪小雨等（稍差）、4 为

大雨冰雹等（极差）；temp 表示实际温度（℃）；atemp 表示感觉温度（℃）；humidity 表示湿度；windspeed 表示风速；casual 表示未注册用户租借数量（辆）；registered 表示注册用户租借数量（辆）；count 表示总租借数量（辆）。

我们对本案例中所用到的10886条数据样本进行数据集中趋势和数据离散程度分析，如表3.4所示。通过分析数据统计特征，我们不难发现注册用户数的使用量是大于未注册用户数的，这说明产品的用户黏度比较理想。但从总租借数来看，标准差约为181辆，平均值约为191辆，这说明租借数量的波动非常大。可以推测，租借数量受日期和天气的影响较大。

表3.4 摩拜单车使用情况——数据集中趋势和离散程度分析

项 目	count	mean	std	min	25%	50%	75%	max
year	10886	2011	0.5	2011	2011	2012	2012	2012
month	10886	6.5	3.4	1	4	7	10	12
day	10886	9.9	5.4	1	5	10	15	19
weekday	10886	4	2	1	2	4	6	7
hour	10886	11.5	6.9	0	6	12	18	23
season	10886	2.5	1.1	1	2	3	4	4
holiday	10886	0.1	0.2	0	0	0	0	1
workingday	10886	0.6	0.4	0	0	1	1	1
weather	10886	1.4	0.6	1	1	1	2	4
temp	10886	20.2	7.7	0.8	13.9	20.5	26.2	41
atemp	10886	23.6	8.4	0.7	16.6	24.2	31	45.4
humidity	10886	61.8	19.2	0	47	62	77	100
windspeed	10886	12.7	8.1	0	7	12.9	16.9	56.9
casual	10886	36	49.9	0	4	17	49	367
registered	10886	155.5	151	0	36	118	222	886
count	10886	191.5	181	1	42	145	284	977

其次，我们以总租借数量作为因变量，其他因素作为自变量，对数据进行相关性分析，如表3.5所示。从相关系数可以看出，天气（包括温度、湿度）对租借数量存在明显影响，其中 temp 和 atemp 意义类似，且与 count 的相关系数十分接近，可以只取一个作为温度特征。year、month、season 等时间因素对 count 也

存在较明显的影响。holiday 和 weekday 与 count 的相关系数极小，这点出乎意料，因为直觉上工作日的使用量可能比节假日多。

表3.5 摩拜单车使用情况——数据相关性分析

变　量	相关系数
count	1
registered	0.97
casual	0.69
hour	0.4
temp	0.39
atemp	0.38
humidity	0.31
year	0.26
month	0.16
season	0.16
weather	0.12
windspeed	0.1
day	0.01
workingday	0.01
holiday	0.005
weekday	0.002

对于上述相关性分析，为了达到更加直观的效果，我们可以做出相关性分析热力视图，如图3.15所示。在图3.15中可以找到不同变量之间的相关系数，对角线代表变量自身的相关系数，数值为1；对角线两侧互为对称，即变量A与变量B之间的相关系数，颜色越深相关性越强，颜色越浅相关性越弱。

接下来，我们可以逐一分析不同因素对摩拜单车总租借数量的影响，并对其进行可视化分析，从而找到影响摩拜单车总租借数量的最主要因素。

1. 年份对总租借数量的影响（见图3.16）

从年份上看，2012年共享单车的使用量明显大于2011年，这说明人们逐渐认可并培养了使用共享单车的习惯。

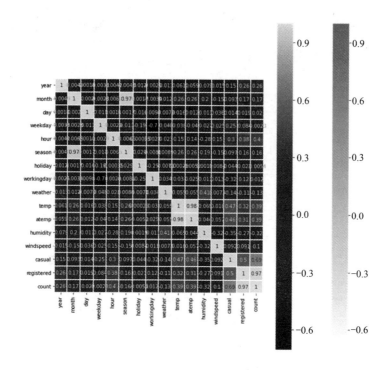

图 3.15 相关性分析热力视图

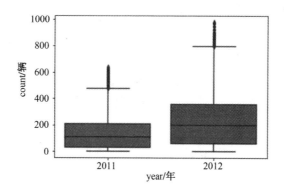

图 3.16 年份对总租借数量的影响

2. 月份对总租借数量的影响（见图 3.17）

明显可以看到月份对于总租借数量具有显著影响，1 月到 6 月天气逐渐回暖，总租借数量也随之有一个明显的增长；之后随着气温和日晒程度的进一步升高，总租借数量有缓慢下降的趋势；11 月气温逐渐下降，总租借数量也呈现出大幅下降的趋势。

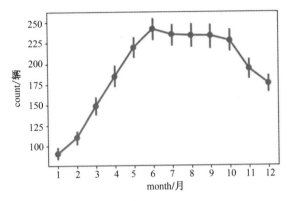

图 3.17　月份对总租借数量的影响

3. 季节对总租借数量的影响（见图 3.18）

从季节箱形图可以看出，季节对总租借数量的影响基本符合经验上的假设：春季气温尚未回温，骑车人数较少；随着天气的转暖，骑车人数逐渐增加，并在秋季（天气最适宜）达到顶峰；进入冬季后天气变冷，骑车人数也相应减少。当然这里也不能排除产品在发展时期使用人数增加的影响因素。由于月份和季节对总租借数量的影响重合，且月份更加具体，我们考虑在随后的建模过程中剔除季节特征，只保留月份特征。

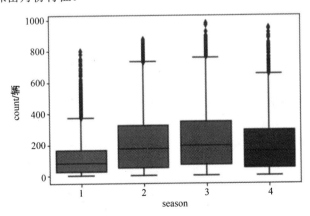

图 3.18　季节对总租借数量的影响

4. 小时对总租借数量的影响（见图 3.19）

由图 3.19 可看出，小时对于总租借数量的影响也是非常显著的。可以看到总租借数量存在两个明显的高峰期，分别是早高峰和晚高峰。这两个高峰时期的租借数量也不低。

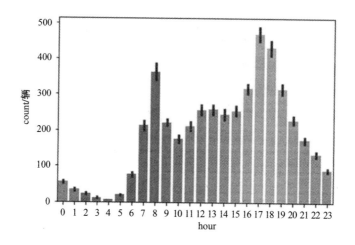

图 3.19 小时对总租借数量的影响

5. 周一至周日每天对总租借数量的影响（见图 3.20）

如果按星期来进行划分，可明显地看到，周末对两个高峰中间段的租借数量的影响。在周一至周五，摩拜单车使用量的高峰出现在 7 点至 9 点、17 点至 19 点，即上下班的早高峰和晚高峰时刻；而在周六、周日，摩拜单车使用量情况与平时有明显的不同，使用量的高峰出现在 11 点至 16 点，即周末的午间时刻。这与大家的使用习惯是密切相关的，周一至周五大家使用摩拜单车主要用于上下班，而周末大家使用摩拜单车更倾向于骑车休闲或旅游。

6. 天气对总租借数量的影响（见图 3.21）

从箱形图可以大略看出天气对于总租借数量的影响，天气晴朗或者稍有不好的时候，单车的租借数量还是比较高的，但是在天气恶劣的时候，租车数量则比较少。尤其是在大雨冰雹这种极差的天气中，骑车出行的人微乎其微。

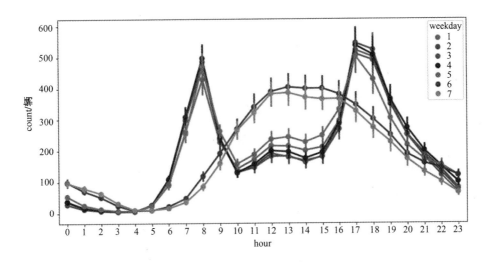

图 3.20　周一至周日每天对总租借数量的影响

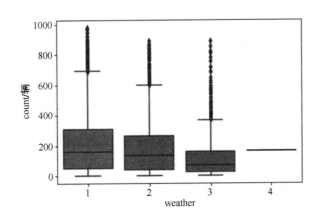

图 3.21　天气对总租借数量的影响

7. 温度、湿度、风速对总租借数量的影响（见图 3.22）

进一步研究温度、湿度和风速对总租借数量的影响可以发现，这三种天气因素对总租借数量的影响比较分散，但可以明显地看出租借数量高峰的区间分布。同样不难发现，温度和风速与总租借数量成正相关，湿度与总租借数量呈负相关。

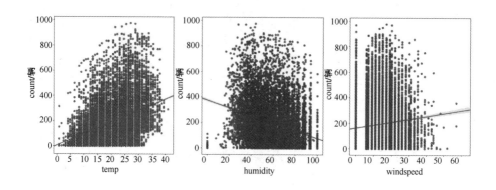

图 3.22 温度、湿度、风速对总租借数量的影响

3.2 网络爬虫工具——集搜客介绍

在之前的内容中，我们了解到数据的价值和数据的分类方法，针对不同类型的数据，我们需要使用不同的方法和指标去探索数据的统计特征，并通过一个大型案例——摩拜单车使用量情况分析如何挖掘数据中隐含的商业价值。本节将进一步讲述数据获取过程中的主要途径和方法，并给大家带来一个获取互联网数据强有效的工具——集搜客，无论是网页数据、微信数据还是微博数据，只要是互联网中可以看到的数据，通过这个工具都可以轻松获取到。

3.2.1 数据获取的主要方法

数据获取，又称数据采集，是利用一定的技术和方法，从系统外部采集数据并输入到系统内部进行处理和存放。数据采集技术广泛应用于各个领域，如在社交网站（脸谱、Twitter、微博）获取新闻热点的评论和转发消息，在移动网络和各种智能终端获取用户的互联网浏览记录，在传感器、RFID 阅读器、导航终端等非传统 IT 设备获取用户的使用偏好和使用习惯，在视频（医疗影像、地理信息、监控录像等）获取用户的多方面、多维度个人画像数据。

被采集数据是已被转换为电信号的各种物理量，如温度、水位、风速、压力等，可以是模拟量，也可以是数字量。采集一般是采样方式，即隔一定时间（称采样周期）对同一点数据进行重复采集。采集的数据大多是瞬时值，也可是某段时间内的一个特征值。准确的数据测量是数据采集的基础，数据量测方法有接触式和非接触式，检测元件多种多样。无论采用哪种方法和元件，均以不影响被测对象状态和测量环境为前提，以保证数据的正确性。数据采集含义很广，包括对面状连续物理量的采集。在计算机辅助制图、测图、设计中，对图形或图像的数字化过程也可称为数据采集，此时被采集的是几何量（或包括物理量，如灰度）数据。

在互联网快速发展的今天，数据获取已经被广泛应用于互联网及分布式领域，数据获取领域已经发生了重要变化，如图 3.23 所示。首先，分布式控制应用场合中的智能数据采集系统在国内外已经取得了长足的发展。其次，总线兼容型数据采集插件的数量不断增加，与个人计算机兼容的数据采集系统的数量也在增加。国内外各种数据采集机先后问世，将数据获取带入了一个全新的时代。

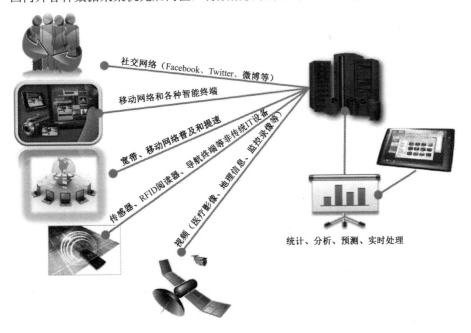

图 3.23　数据来源广泛

根据数据获取的主要途径和方法，目前主要包括抽样调查、数据埋点、网站获取和网络爬虫。其中，抽样调查和数据埋点获取到的是一手数据，数据信息质量较高，但需要根据使用需求对数据进行加工处理；网站获取和网站爬虫均是针对互联网数据进行数据获取，获取到的是二手数据，这些数据往往已经被脱敏或加工，数据价值并不像一手数据那么大，但随着互联网的普及，这类数据越来越多，当对全网进行数据获取，再结合一手数据进行分析时，我们可以打破数据的孤岛，达到意想不到的效果。下面我们对这4种方法分别进行介绍。

1. 抽样调查

当需要获取一手数据时，一种常用的方式就是抽样调查。抽样调查不仅在传统行业中比较常用，而且在互联网企业中也时常会用到。比如对一些优惠活动或者特定客群营销等方案的测试，就需要用到抽样的方式选择测试群体。在做抽样调查时，我们都希望尽可能减少误差，让抽样的样本能够充分代表整体的特征，那么误差与哪些因素相关呢？抽样误差的大小，主要由样本容量的大小和抽样方式来决定。一般，我们认为抽样可以分为两类：一是概率抽样，也称为客观抽样；二是非概率抽样，也称为主观抽样。

（1）概率抽样。顾名思义，概率抽样是一种基于概率的抽样方式，也被称为客观抽样。从理论的角度来说，概率抽样是符合科学和统计原则的，其抽样误差可以估计，是在可能的情况下，被优先推荐使用的抽样方法。但是，概率抽样是精确度较高的抽样方法，其操作的复杂度和耗费的成本也相对偏高。概率抽样虽然可以避免主观判断带来的谬误，但是它常常受限于项目经费、时间和保密性等原则，从而难以进行实际使用。

（2）非概率抽样。与概率抽样相反，非概率抽样是一种简单、易使用的抽样方式。它主要通过抽样者的判断，包括对样本特征的判断和对项目成本的考量，综合特殊的要求或者设定，最终选择合适的样本。这种方法会受主观因素的影响，不符合统计科学的原则，其抽样误差无法估计和计算。但是在实际应用中，大量的案例证明非概率抽样依然有一定的有效性。在样本量充足的前提下，通过设定简单的配比，并选择有经验的抽样者，基本可以保证抽样结果的有效性。而且由于非概率抽样容易重复操作，因此用非概率抽样反复进行同一实验，其结果往往也有趋同性。另外，这种抽样方式，虽然无法衡量抽样误差，但是由于可以对抽样过程进行设计和控制，因此可以更简单有效地控制非抽样误差。

概率抽样和非概率抽样可以通过表 3.6 进行区别。

表 3.6 概率抽样和非概率抽样对比

抽样方式	特点	优点	缺点
概率抽样	根据科学原则抽取样本	抽样误差可以估计客观	成本高 耗时长 操作复杂 局限多
非概率抽样	根据抽样者的主观判断抽取样本	成本低 耗时短 操作简单 可行性强	无法衡量抽样误差 存在主观谬误 对抽样者经验要求高

2. 数据埋点

数据埋点是数据产品经理、数据运营及数据分析师，基于业务需求（如 CPC 点击付费广告中统计每个广告位的点击次数）和产品需求（如推荐系统中推荐商品的曝光次数及点击的人数）对用户行为的每个事件对应的位置进行开发埋点，并通过 SDK 上报埋点的数据结果，将记录数据汇总后进行分析，推动产品优化或指导运营。

通过数据埋点，可以采集用户浏览目标网站的行为（如打开某网页、点击某按钮、将商品加入购物车等）及行为附加数据（如某下单行为产生的订单金额等）。早期的埋点方法较为单一，往往只收集一种用户行为，如打开网页，而无法收集用户在网页中的行为。目前，ajax 技术广泛使用，电子商务网站对电子商务目标统计分析的需求越来越强烈，这种传统的收集策略已经显得力不从心。后来，谷歌在其产品谷歌分析中创新性地引入了可定制的数据收集脚本，用户只需通过谷歌分析定义好的可扩展接口，编写少量 JavaScript 代码就可以实现自定义事件和自定义指标的跟踪和分析，如图 3.24 所示。目前，百度统计、搜狗分析等产品均照搬了谷歌分析的模式。

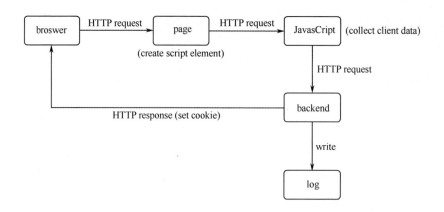

图 3.24 数据埋点过程

图 3.24 详细展现了通过脚本语言进行数据埋点的整个过程。首先，用户行为会触发浏览器对被统计页面的一个 http 请求，这里先认为用户行为就是打开网页。当网页被打开时，页面中的埋点 JavaScript 片段就会被执行，这个代码片段一般会动态创建一个 Script 标签，并将 src 指向一个单独的 js 文件。此时，这个单独的 js 文件会被浏览器请求并执行，这个 js 文件往往就是真正的数据收集脚本。数据收集完成后，js 文件会将收集到的数据通过 http 参数的方式传递给后端脚本，后端脚本解析参数，并按固定格式将其记录到访问日志中，同时可能会在 http 响应中给客户端植入一些用于追踪的 Cookies。

在日常的数据监控及分析中，也就是特殊情况发生之前，不管是作为产品方、运营方还是数据方都很难预料会需要何种特殊的分析，自然也没有办法预先制定好相应的特殊埋点。这时，常规埋点属性可以帮助我们进行一些基础的观察与分析，常规的埋点主要包括用户、时间、场景、方式、行为等，如图 3.25 所示。

（1）用户（Who），通过该属性可以将产品不同的付费用户区分开，有两种方式。第 1 种是设备，如移动端（iOS 系统、安卓系统）及计算机端；第 2 种是账号，如手机号、邮箱、微信号等用以登录的识别号。关键是不可重复性，即一个账号只代表一个用户。

（2）时间（When），即用户于何时发生该付费动作，对于时间的上报可以通过客户端时间或服务器时间（Unix 时间戳）实现。

（3）场景（Where），用户在何处发生了该付费动作，包括3种方式。第1种是GPS，即通过GPS定位获取当前设备的经纬度信息；第2种是IP，即通过IP地址来定位当前使用的位置；第3种是用户自定义，当使用场景涉及异地选址时，用户的实际定位可能并不能真实反映其消费意向，如异地点外卖、异地订房等，因此对于一些涉及此类场景的App来说，在获取常规定位信息的同时，还要加上对用户自定义位置的埋点，这也具有一定意义。

（4）方式（How），即用户是通过何种方式发生的该付费动作，主要包括设备类型，即移动端或计算机端；操作系统，即安卓系统、iOS系统、Windows系统、Mac OS系统；版本号，即各产品不同的版本号；网络类型，即4G、5G、Wi-Fi。

（5）行为（What）：该环节描述用户购买了什么商品，主要包括购买商品的类型，实物、虚拟服务，还可以进一步将购买商品的类型分为具体的类目；购买商品的名称；购买商品的数量；付费金额；付款方式等。

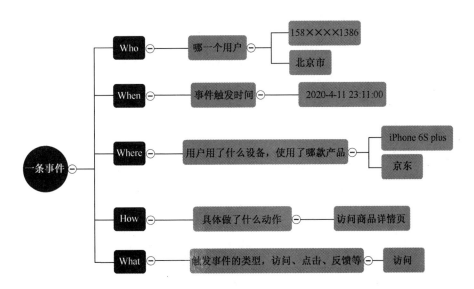

图3.25　常规埋点获取内容

举一个简单的例子，当用户使用浏览器浏览某特定网页时，网页会向服务器发送请求，当服务器和用户产生数据交互时，服务器就会把这次交互记录下来，该记录称为日志。在图3.26中，我们可以看到很多系统日志，假设某条日志的详细内容为：127.0.0.1 - - [20/Jul/2017:22:04:08 +0800] "GET /news/index HTTP/1.1" 200 22262 "-" "Mozilla/5.0（Macintosh; Intel Mac OS X 10_12_5）AppleWebKit/537.36（KHTML, like Gecko）Chrome/60.0.3112.66 Safari/537.36"。这条服务器日志告诉我们，什么用户（Who）在什么时间段（When）进行了什么操作（What）。其中，127.0.0.1 是用户的 IP 地址，通过它能进行基本区分并定位到人；[20/Jul/2017:22:04:08 +0800]是产生这条日志的时间，可以理解为用户访问的时间戳；"GET /news/index HTTP/1.1"是服务器处理请求的动作，这里暂且认为是用户请求访问某个网站路径/news/index。通过 Who、When、What 构成了用户行为分析的基础；Mozilla/5.0 是用户浏览时用的浏览器。如果基于 Who 分析，可以得知网站每天的页面访问量（PV）和独立访问用户数（UV）；如果基于 When 分析，可以得知平均浏览时长、每日访问高峰；What 则能得知什么内容更吸引人、用户访问的页面深度、转化率等属性。

	A	B	C	D	E
1	date	time	c-ip	cs-uri-stem	cs-uri-query
2	2004/12/13	0:30:02	172.16.100.11	/index.asp	
3	2004/12/13	0:30:12	172.16.100.11	/news/newsweb/call_news_top.	t='校园新闻'
4	2004/12/13	0:30:18	172.16.100.11	/news/newshtml/insideInform.	-
5	2004/12/13	0:30:18	172.16.100.11	/news/newsweb/call_notimenev	t='一周安排'
6	2004/12/13	0:30:51	172.16.100.11	/index.asp	
7	2004/12/13	0:30:51	172.16.100.11	/news/newsweb/call_news_top.	t='校园新闻'
8	2004/12/13	0:31:24	172.16.100.11	/index.asp	
9	2004/12/13	0:31:25	172.16.100.11	/news/newsweb/call_news_top.	t='校园新闻'
10	2004/12/13	0:48:53	172.16.100.11	/index.asp	
11	2004/12/13	0:48:53	172.16.100.11	/news/newsweb/call_news_top.	t='校园新闻'
12	2004/12/13	0:52:33	172.16.100.11	/index.asp	
13	2004/12/13	0:52:34	172.16.100.11	/news/newsweb/call_news_top.	t='校园新闻'
14	2004/12/13	0:54:01	172.16.100.11	/index.asp	-
15	2004/12/13	0:54:01	172.16.100.11	/news/newsweb/call_news_top.	t='校园新闻'
16	2004/12/13	0:56:09	172.16.100.11	/index.asp	-
17	2004/12/13	0:56:09	172.16.100.11	/news/newsweb/call_news_top.	t='校园新闻'

图 3.26　系统后台日志

3. 网站获取

做数据可视化的小伙伴可能经常会碰到的问题就是有想法却没有数据，有些人可能具备一定爬虫技术基础，可以通过爬虫技术抓取一些数据，但是有些数据往往是抓取不到的，还有些人可能根本不会爬虫技术。为了使读者更加快捷地学习数据可视化，我们给大家推荐一些常见的数据网站，上面可以免费获取大量数据。

（1）数据圈论坛（网址：http://www.shujuquan.com）。不得不说这真是一个获取数据的好地方，其中的数据特别全面，主要包含国内宏观、区域数据、世界经济、价格数据、工业行业等板块。

（2）数据堂（网址：https://www.datatang.com）。此网站中的数据比较专业，适合专门做数据分析或数据可视化的读者。其中，主要包括语音识别、医疗健康、交通地理、电子商务、社交网络、图像识别、统计年鉴、研发数据等领域的数据。

（3）国家统计局网站（网址：http://data.stats.gov.cn）。听名字就知道这个网站中有什么数据了吧，而且其中的所有数据都是免费的，当然这个网站还有"彩蛋"。在文末的友情链接中，还有很多其他网站的数据及国外数据。另外，在可视化产品这个专栏下，有各种通过水晶易表实现的可视化作品，可以作为学习模板。

（4）中国产业信息网（网址：http://www.chyxx.com/data）。该网站中的数据主要包括：能源、电力、冶金、化工、机电、电子、汽车、物流、房产、建材、农林、安防、包装、环保、食品、烟酒、医药、保健品、IT、通信、数码、家电、家居、家具、文化、传媒、办公、文教、金融、培训、旅游、服装等。

（5）生态环境部网站（网址：https://www.mee.gov.cn）。在这个网站，每天会动态更新不同城市的空气质量，如 AQI 指标、主要污染物，用颜色表示不同城市空气污染级别，以及不同城市的地表水水质情况、水质类别与测量时间等。

4. 网络爬虫

网络爬虫是一种互联网机器人，它通过爬取互联网上网站的内容来工作。它是用计算机语言编写的程序或脚本，用于自动从互联网上获取任何信息或数据。机器人扫描并抓取每个所需页面上的某些信息，直到处理完所有能正常打开的页面。

1）网络爬虫的结构类型

网络爬虫大致有 4 种类型的结构：通用网络爬虫、聚焦网络爬虫、增量式网络爬虫、深层网络爬虫。

（1）通用网络爬虫。通用网络爬虫所爬取的目标数据是巨大的，并且爬行的范围也非常大，正是由于其爬取的数据是海量数据，故而对这类爬虫的爬取性能要求非常高。这种网络爬虫主要应用于大型搜索引擎，有非常高的应用价值。或者应用于大型数据提供商。

（2）聚焦网络爬虫。聚焦网络爬虫是按照预先定义好的主题有选择地进行网页爬取的一种爬虫，聚焦网络爬虫不像通用网络爬虫一样将目标资源定位在全互联网中，而是将爬取的目标网页定位在与主题相关的页面中，此时，可以大大节省爬虫爬取时所需的带宽资源和服务器资源。聚焦网络爬虫主要应用在对特定信息的爬取中，主要为某一类特定的人群提供服务。

（3）增量式网络爬虫。增量式网络爬虫在爬取网页时，只爬取内容发生变化的网页或者新产生的网页，对于未发生内容变化的网页，则不会爬取。增量式网络爬虫在一定程度上能够保证所爬取的页面尽可能是新页面。

（4）深层网络爬虫。在互联网中，网页按存在方式分类，可以分为表层页面和深层页面。所谓表层页面是指不需要提交表单，使用静态链接就能够到达的静态页面；而深层页面则隐藏在表单后面，不能通过静态链接直接获取，是需要提交一定的关键词之后才能够获取得到的页面。在互联网中，深层页面的数量往往比表层页面的数量要多很多，因而需要想办法爬取深层页面。

2）爬行策略

网络爬虫的基本工作流程，如图 3.27 所示。首先选取一部分精心挑选的种子 URL；将这些 URL 放入待抓取 URL 队列；从待抓取 URL 队列中取出待抓取 URL，解析 DNS，并且得到主机的 IP 地址，并将 URL 对应的网页下载下来，存储在已下载网页库中，此外将这些 URL 放入已抓取 URL 队列；分析已抓取 URL 队列中的 URL，分析其中的其他 URL，并将 URL 放入待抓取 URL 队列，进入下一个循环。

网络爬虫在爬行过程中，会爬到一些新的 URL，对这些新的 URL 爬取的顺序，是由爬行策略来决定的，比较主流的爬行策略包括深度优先爬行策略、广度优先爬行策略、大站优先爬行策略、反链爬行策略。下面以针对具有如图 3.28 所示路径结构的网站进行网络爬虫为例，介绍主流的爬行策略。

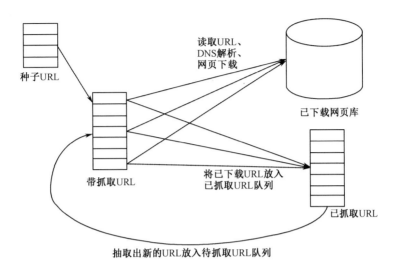

图 3.27　网站爬虫的基本工作流程

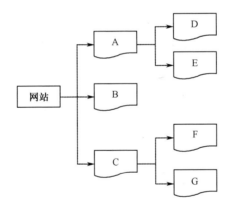

图 3.28　某网站路径结构

（1）深度优先爬行策略：先爬取一个网页，然后将这个网页的下层链接依次爬取完再返回上一层进行爬取，在图 3.28 中，爬取的顺序是 A→D→E→B→C→F→G。

（2）广度优先爬行策略：先爬取同一层次的网页，同一层次的网页爬取完之后，再选择下一个层次的网页进行爬取，在图 3.28 中，爬取的顺序是 A→B→C→D→E→F→G。

（3）大站优先爬行策略：按照网页所属的站点进行归类，如果某个网站的网页数量较多，就称其为大站，优先进行爬取。

（4）反链爬行策略：反链是指该网页被其他网页指向的次数，这个次数在一定程度上代表该网页被推荐的次数，因此反链数量多的被优先爬取。

对于获取的网页内容，我们首先要分析网页结构（查看网页源码），定位目标内容位置；然后利用正则表达式匹配出所需信息。正则表达式描述了一种字符串匹配的模式，可以用来检查一个字符串是否含有某种子串、将匹配的子串做替换或者从某个字符串中取出符合某个条件的子串等。构造正则表达式的方法和创建数学表达式的方法一样。也就是用多种元字符与运算符可以将小的表达式结合在一起来创建更大的表达式。例如，对于糗事百科中的文字内容（见图3.29），我们需要查看源代码，找到文件所在位置，即…之间，然后利用正则表达式.*?匹配出里面的文字内容。

图 3.29　网页结构与正则表达式

3.2.2　网络爬虫利器——集搜客

集搜客是一款简单易用的网页信息爬取软件，能够爬取网页文字、图表、超链接等多种网页元素，可以提供好用的网页爬取软件、数据挖掘攻略、行业资讯和前沿科技等，如图 3.30 所示。在使用集搜客采集数据时，很多动态内容并不在 HTML 文档中出现，而是动态加载的，这不会影响数据采集，而且不需要网络嗅探器从底层分析网络通信消息，与爬取静态网页一样可视化定义爬取规则。再加上开发者接口，能够模拟十分复杂的鼠标和键盘动作，一边动作一边爬取。

图 3.30　集搜客产品介绍

集搜客由服务器和客户端两部分组成，服务器用来存储规则和线索（待爬网址），客户端包括 MS 谋数台和 DS 打数机两个部分，其中 MS 谋数台用来制作网页抓取规则，DS 打数机则用来采集网页数据，如图 3.31 所示。

集搜客工作原理如图 3.32 所示。在使用集搜客进行网页爬取的过程中，包括制作网页爬取规则；管理网页爬取规则；爬取网页数据；查询爬取结果；完善爬取规则，直至采集到所需数据。下面我们针对关键环节，逐一进行重点讲述。

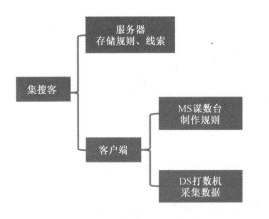
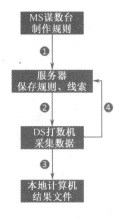

图 3.31　集搜客的组成结构　　　　图 3.32　集搜客工作原理

1. 制作网页抓取规则

首先，我们要定义爬取任务的主题名，如图 3.33 所示。打开集搜客，在右上角打开 MS 谋数台，在网址处粘贴需要采集数据的样例网址，按回车键等待页面

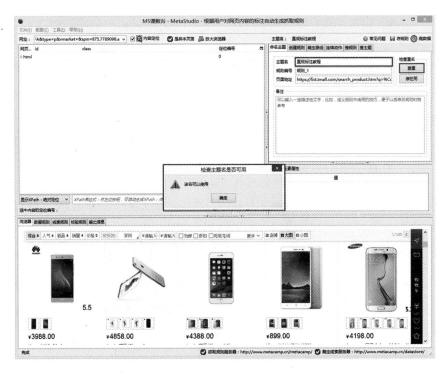

图 3.33　定义爬取任务的主题名

加载。当下方的浏览器窗口已经加载出页面,并且右上的页面地址已自动填上,说明页面已经加载完成。在主题名处填写规则主题名,由于主题名不能重复,所以需要点击查重按钮查看当前主题名是否可用,弹窗若显示"该名可以使用",就可以继续下面的操作,否则就需要更改当前主题名直至可用。

其次,我们要根据所需爬取的网页特征定义爬取规则,如图 3.34 所示。点击要采集的内容,这里点击商品名,可以看到商品名称变成黄底,表示信息被选中。再点击一次,会弹出一个输入框,输入抓取内容名称。

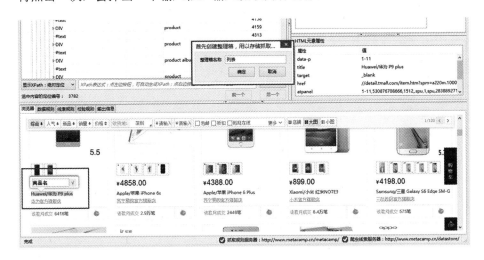

图 3.34　定义爬取规则

输入第一个抓取内容时,会弹出创建整理箱的弹窗,输入整理箱名称后,点击确认,可以看到工作台页面已经建立了整理箱抓取内容。按照上述步骤对价钱和店铺进行操作,可以看到工作台已经有 3 个抓取内容。点击测试按钮,可以看到下方输出信息会显示采集内容,如图 3.35 所示。可以看到目前采集到的只是一个商品的信息,要把整个页面上结构相同的商品信息都采集下来,就需要做样例复制。

接下来,我们想把同一网页上具有相同结构的元素都采集下来,可以通过样例复制来实现,如图 3.36 所示。在创建规则工作台单击列表,勾选启用样例复制。

注意:只有容器节点才能启用样例复制。

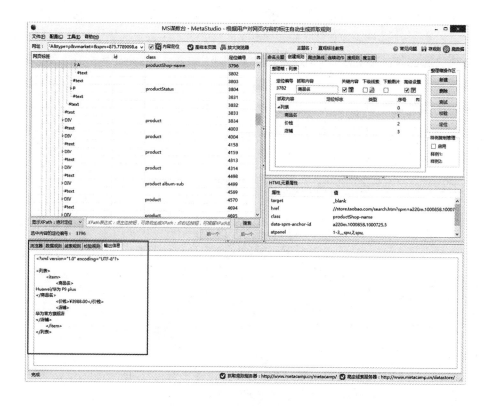

图 3.35　测试爬取规则

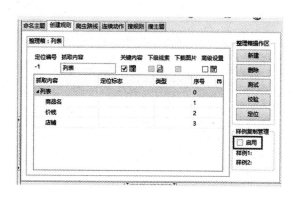

图 3.36　启用样例复制

选择第一个商品的样例节点,单击右键,在出现的快捷菜单中依次单击"样例复制映射"→"第一个"。同理,对第二个商品做样例复制,如图 3.37 所示。

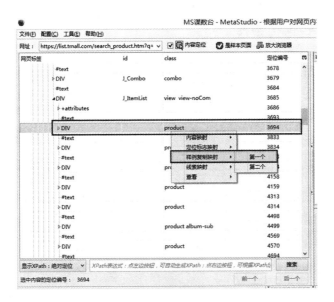

图 3.37 样例复制映射

可以看到样例复制处显示样例复制的编号,再点击测试,可以看到输出信息已经有多个商品信息,如图 3.38 所示。这样就实现了将同一网页中相同结构的元素都采集下来的目的。

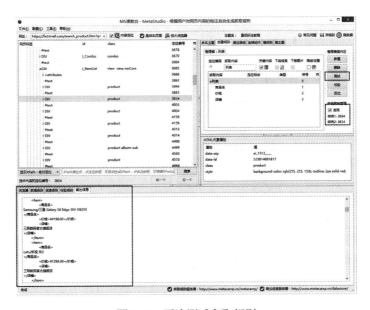

图 3.38 再次测试爬取规则

2. 管理网页抓取规则

用 MS 谋数台制订好规则后，规则会保存在集搜客的服务器中，同时会把样本网址作为一条线索（待抓网址）保存在服务器中。制订好的规则保存到 Gooseeker 服务器中，而不是保存在本地，想要修改规则或者进行其他管理操作，可以根据下面的步骤把规则重新加载出来。

（1）搜索规则。打开集搜客爬虫浏览器，在浏览器的右上角点击"定义规则"，切换到定义规则模式，会弹出工作台。把工作台切换到"搜规则"窗口，在搜索框里输入主题名然后点击搜索，如果忘记主题名，输入"*"就能看到全部规则，或者在底部空白处单击右键，在弹出的快捷菜单中选择"浏览"，也可以看到全部规则，如图 3.39 所示。

图 3.39　搜索爬取规则

（2）加载规则。找到主题后，单击右键选中规则，弹出快捷菜单，选择"加载"，就会看到浏览器窗口上在加载网页，网页加载完成就会弹出提示框，根据提示，依次点击"文件"→"后续分析"，完成整个规则的重现，如图 3.40 所示。

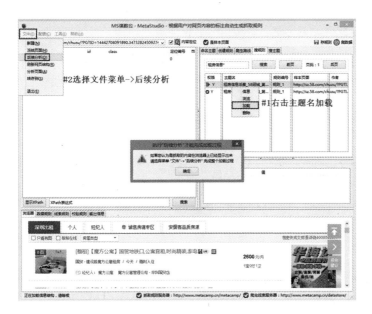

图 3.40　加载爬取规则

如果加载规则太慢，应该是网页上有很多 JavaScript 代码要执行，如淘宝、天猫、微博等社交网站会加载很久。用如果火狐加载网页，会看到地址输入栏处有个旋转的图标。如果用 MS 谋数台加载这样的网页，会在网页浏览窗口上出现一个旋转图标。如果历时太长，可以强行关闭加载中的窗口，用后续分析完成对抓取规则的分析。

（3）修改规则。当规则加载完成后，我们就可以修改规则了。可以根据自己的需要修改规则，修改规则的过程做规则的过程一样，最后需要保存。如果修改规则后不想覆盖原规则，可以另起一个主题名再保存。注意：要对主题名进行查重，如果是设置过爬虫路线或连续动作，那么爬虫路线或连续动作中的目标主题名也要做相应的修改，修改完成就相当于对规则做另存为操作，新规则不会覆盖旧规则。另外，对于无效的规则或冗余的规则，可以做删除处理，删除方法为：在工作台的"搜规则"窗口中，用右键单击规则名，在弹出的快捷菜单中选择"删除"。

3. 爬取网页数据

DS 打数机采集数据，就是调用做好的规则采集待抓网址中网页数据的过程。

集搜客爬虫软件非常灵活，它提供了多种使用方式。下面介绍几种不同的数据采集方式，它们使用的爬虫窗口类型不同，控制方法也稍有不同。

（1）方式一：存规则，爬数据（见图 3.41）。制订完采集规则并保存后，点击右上角的"爬数据"按钮，就会自动弹出爬虫窗口，可以直接采集样本网页。这种方式用的是测试窗口，菜单项较少，主要是用来验证抓取规则的正确性。

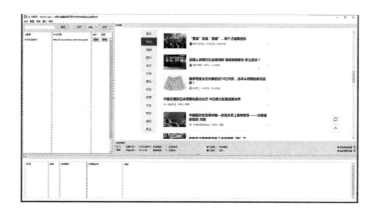

图 3.41 存规则，爬数据

（2）方式二：DS 打数机单搜/集搜（见图 3.42）。单独把 DS 打数机运行起来，在左侧就能看到规则列表，每个规则都有"单搜"和"集搜"两个按钮。单搜只运行一个爬虫窗口，集搜可以运行多个爬虫窗口。

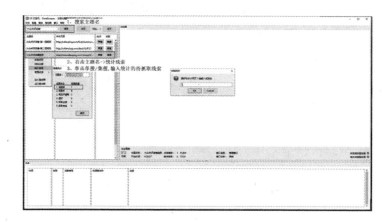

图 3.42 DS 打数机单搜/集搜

注意：当遇到提示"没有线索了，可添加新线索或者激活已有的线索"时，说明线索已经完成一遍采集。如果要再次采集，要右键单击主题名，选择"管理线索"→"激活所有线索"，如图 3.43 所示；如果要采集其他相同结构的网页，则选择"添加"，再把多个网址复制进去，即可批量采集。

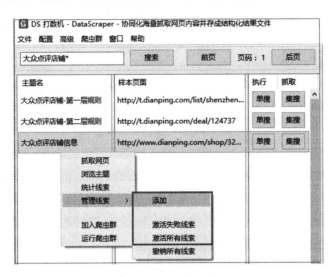

图 3.43　"管理线索"→"激活所有线索"

（3）方式三：用爬虫群并发采数据（见图 3.44）

爬虫群功能支持在一台计算机并发运行多个爬虫，它整合了 crontab 爬虫调度程序、DS 打数机主要菜单功能、数据库存储三大功能块。无须指定要采集多少条线索，爬虫群会自动把所有待采集的线索都采完一遍，让用户可以高效采数据及监控规则的运行情况。

（4）方式四：编写 crontab 并发爬虫采数据

crontab 程序与爬虫群一样，可设置多个爬虫窗口并发采集数据，但是要用户自己编写程序。两者的区别是，crontab 程序可以指定爬虫窗口只采集哪个主题任务，这样能大大提高采集的稳定性和效率；而爬虫群是把主题任务自由分配给爬虫窗口，效率稍低。

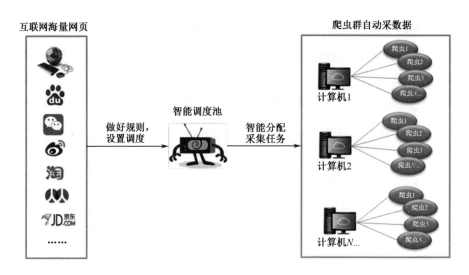

图 3.44 用爬虫群并发采数据

4. 查询爬取结果

如果采集成功就会在本地文件夹 DataScraperWorks 中生成结果文件。DS 打数机是以网址为单位抓取数据的,而抓取结果是以网页为单位存储的。也就是说如果,输入线索数为 1,就只抓一个网址的数据;如果没有翻页,就得到一个结果文件;如果有翻页,那么在抓这个网址的时候就会翻页,每抓一页就得到一个结果文件。查看数据结果的操作如下:

首先,依次点击 DS 打数机菜单栏中的"文件"→"存储路径",弹出"自定义存储路径"对话框,在对话框中可以看到数据文件的存储路径,也可以自己选择文件夹作为存储路径,如图 3.45 所示。

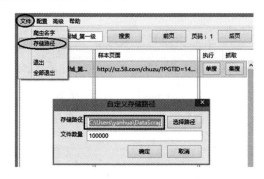

图 3.45 打开存储路径

其次，根据这个存储路径，打开本地文件夹 DataScraperWorks，一个主题名对应一个文件夹，打开对应的文件夹就可以看到成功抓取的 XML 结果文件，每一个网页生成一个结果文件，如图 3.46 所示。数据文件是 XML 类型的，可以用记事本或浏览器打开，也可以用 Excel 打开。

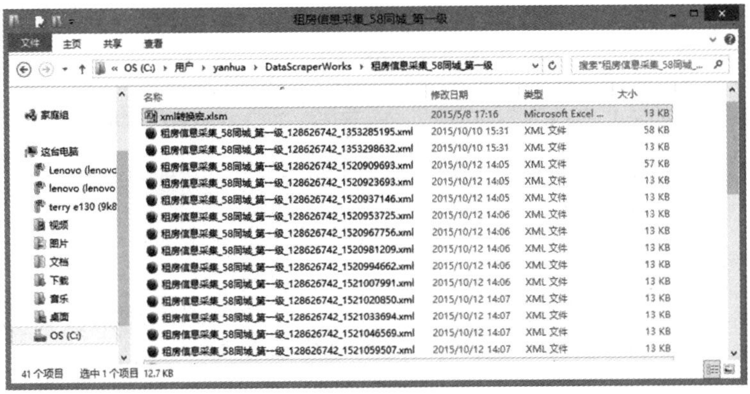

图 3.46　浏览存储目录下的文件

集搜客网络爬虫采集的结果数据是用 XML 格式文件保存的，如果要将其转换成 Excel 格式，需要用到爬虫的导入和导出功能，如图 3.47 所示。导入数据的方法分为手工导入和自动导入。制订完采集规则后，点击"爬数据"或者 DS 打数机中的"单搜"或"集搜"按钮，这样采集的数据是不会自动导入的，需要手动导入数据。如果对规则设置了调度且勾选了自动入库，或者使用微博采集工具箱和快捷采集工具，那么都会自动导入数据，用户只需在规则管理中导出数据即可。

图 3.47　XML 文件转换为 Excel 文件

（1）手工导入操作步骤（见图 3.48）。打数机采集的数据，一页对应一个 XML

文件，存放在硬盘的 DataScraperWorks 目录下相应的主题名文件夹中。在硬盘的主题名文件夹中选中多个 XML 文件直接压缩，不要夹杂除 XML 类型外的文件夹或其他文件类型。登录集搜客官网，进入"会员中心"→"任务管理"。点击对应的任务名进入该任务的管理页面，点击"数据"按钮→"导入 XML"，选择 XML 的压缩包后，导入。导入成功后即可"导出数据"，在"历史记录"中可以重复下载。下载的数据，默认保存在本地的下载目录中。

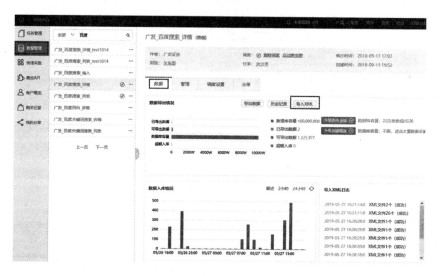

图 3.48　手工导入操作步骤

（2）自动导入操作步骤（见图 3.49）。在"会员中心"给规则设置调度，并勾选自动入库，这时如果运行爬虫群模式，爬虫群就能自动入库。

5. 完善爬取规则，直至采集到所需数据

如果是层级规则，除生成结果文件外，抓到的网址作为下一级规则的待抓网址，会被存储在服务器中，采集数据时会按顺序执行。规则的待抓网址也可以通过人工操作进行添加，操作步骤如下：

首先，进入集搜客官网，在会员中心中单击"任务管理"，再点击对应的任务名，进入管理页面，如图 3.50 所示。

第三章　数据从哪来　127

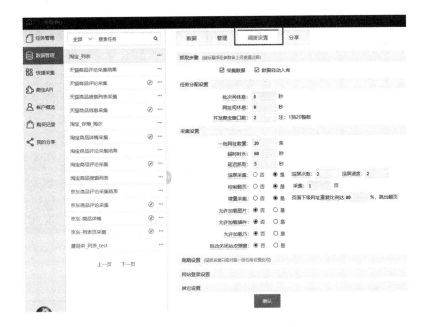

图 3.49　自动导入操作步骤

图 3.50　任务管理界面

然后，点击"添加网址"，在弹出窗中输入网址，可添加单条或多条网址，然后单击"确定"，如图 3.51 所示。

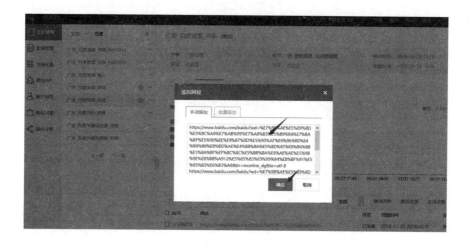

图 3.51　添加网址信息

这里，也可以选择批量添加，把线索网址整理在 Excel 表中的一列上，然后保存。在弹窗中点击"批量添加"，然后点击"附件"，选择整理好的 Excel 表，然后点击"批量添加"，如图 3.52 所示。

图 3.52　批量添加网址信息

3.3 网络爬虫技术——网页数据采集

上一节介绍了数据获取的主要方法和途径，其中网络爬虫是一种获取互联网数据的重要手段，尤其是随着社会信息化的不断发展，大量高价值的信息都可以在互联网中找到，那么如何才能进行网络爬虫呢。上一节介绍了一种重要的工具——集搜客。本节将详细介绍如何通过集搜客这种高效、智能的爬虫工具爬取网页数据。

3.3.1 网络爬虫技术基础术语

在使用集搜客进行网络爬虫前，有必要先对集搜客中一些常见的术语进行简单介绍。

1. 直观标注

在网页上，如果看到了想要采集的内容，点击两次就会弹出一个标签，再给标签命名。把所有想要采集的内容逐个进行标注，不分先后，如图3.53所示。

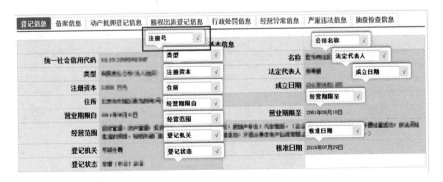

图3.53　直接标注

2. 整理箱

采集到的内容要存到一个表格中,这个表格就是整理箱,表示"把网页上的内容整理好,存在一个箱子中"。整理箱显示在右边的一个浮动工作台上,如图 3.54 所示。

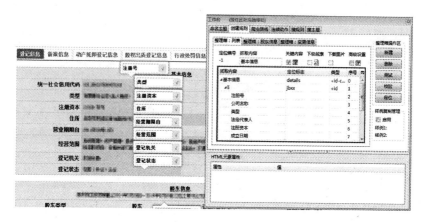

图 3.54　整理箱

3. 映射

"映射"这个词经常出现,它表示"把网页上的内容与整理箱中的标签建立联系"。标注过程就是建立映射关系的过程,有了这个关系,网络爬虫就知道从哪里采集数据并存储到哪里,如图 3.55 所示。

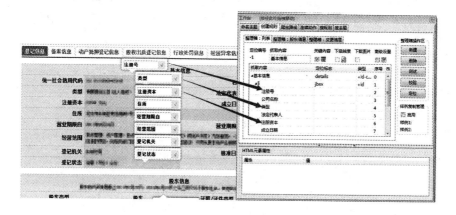

图 3.55　映射

3.3.2 采集单网页数据

下面以京东网站为例,给大家演示如何使用直观标注的功能采集单网页数据,采集内容包括商品名称、价格、评论数、店铺名称,采集单网页数据的操作步骤如图 3.56 所示。

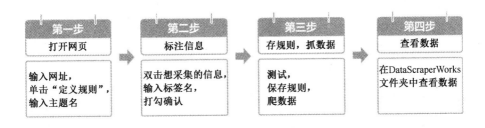

图 3.56 采集单网页数据的操作步骤

1. 打开网页

打开 GS 爬虫浏览器,输入网址后单击"回车"键,加载出网页后再点击"定义规则"按钮,弹出工作台,在工作台定义规则;在工作台中输入主题名后点击"查重",提示"该名可以使用"或"该名已被占用,可编辑:是"时,即可使用这个主题名,否则需重命名。注意:为了能准确定位网页信息,点击"定义规则"会将整个网页定格,不能跳转网页链接,点击"普通浏览",才会恢复到普通的网页浏览模式。

在图 3.57 中,我们在浏览器中输入网址打开京东网页,点击"定义规则"弹出工作台,在"命名主题"选项卡中输入主题名称"京东冰箱演示规则",点击"查重",工作台提示"该名可以使用",于是进行下一步操作。

2. 标注需要采集的信息

标注是针对网页的文本信息来操作的,双击目标信息就会选中它,在弹窗中输入标签名,打勾确认或单击"回车"键。首次标注还要输入整理箱名称,即存储数据的表格名称,这也是标签与网页信息建立映射关系的过程。重复上一步操作来标注地址和电话信息。

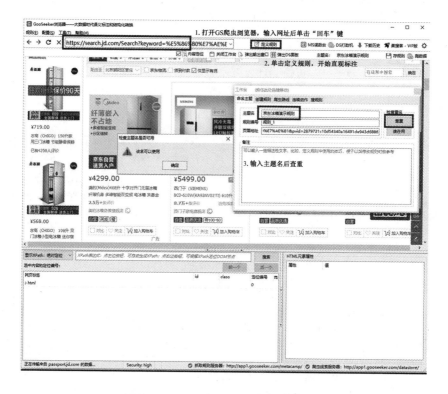

图 3.57 打开网页,命名爬取主题

在图 3.58 中,首先在工作台中的"创建规则"选项卡中输入整理箱名称,当整理箱建立好后,就可以针对要采集的信息进行标注了。当我们要采集冰箱的商品名称时,可将鼠标停留在"美的 468 升 十字对开门"字样上,其字体凸显成黄色,这时双击,输入定义该信息的标签名,单击"回车"键,就定义好了第一个要采集的字段。利用同样的方法,依次对商品价格、商品评论数、店铺名称进行信息标注。

3. 存规则,抓数据

点击"测试",检查信息完整性,如果信息不完整,可右击整理箱标签将其删除,然后再重新标注;点击"存规则",包括网页的爬取规则;点击"爬数据",弹出 DS 打数机开始采集数据,测试采集规则是否有效。

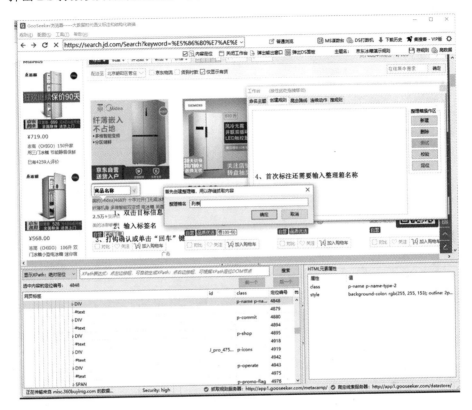

图 3.58　标注采集信息

在图 3.59 中,建立好爬取规则后,可以在列表中看到需要采集的信息,包括商品名称、商品价格、商品评论数、店铺名称。点击"测试"按钮,弹出"输出结果"窗口,其中输出信息为:商品名称——美的 468 升、商品价格——4299、商品评论数——2.5 万、店铺名称——美的冰箱自营旗舰店,这说明爬取规则是完备的,可以把所需信息采集下来。接下来,把爬取规则保存下来,并根据设置好的爬取规则进行网络爬虫。

4. 查看数据

采集成功的数据会以 XML 文件的形式保存在 DataScraperWorks 文件夹中。

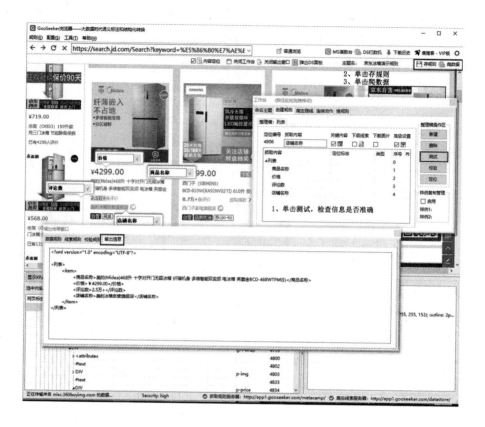

图 3.59　存规则、爬数据

3.3.3　采集网页列表数据

采集网页列表数据时，可以看到多条结构相同的信息，一条信息称为一个样例。例如，表格中的每一行就是一个样例；又如，京东搜索列表中的每个商品也是一个样例。具有两个样例以上的列表网页，通过样例复制就能把整个列表都采集下来。下面以京东列表页为例，介绍网页列表数据采集步骤，如图 3.60 所示。其中，第一步为打开网页，第二步为标注信息，第四步为存规则，抓数据，这几步与采集单网页数据的操作步骤一致，区别在于第三步"样例复制"。

第三章 数据从哪来

图 3.60 网页列表数据采集步骤

1. 打开网页

在图 3.61 中，在浏览器中输入网址打开京东网页，点击"定义规则"弹出工作台，在工作台中的"命名主题"选项卡中输入主题名称"京东商品列表采集"，点击"查重"，提示"该名可以使用"，于是进行下一步操作。

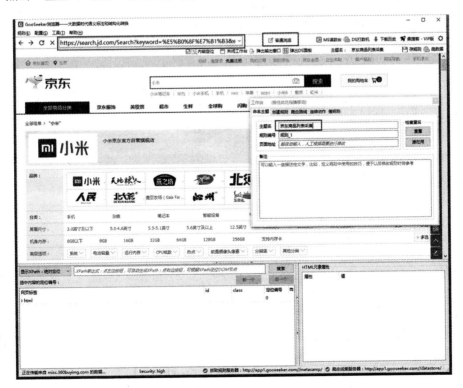

图 3.61 打开网页，命名爬取主题

2. 标注信息

在图 3.62 中，首先在工作台中的"创建规则"选项卡中输入整理箱名称，当整理箱建立好后，就可以针对要采集的信息进行标注了。例如，我们要对手机信息进行采集，于是依次对商品标题、商品价格、商品评论数、店铺名称进行标注，并将商品标题作为关键内容。

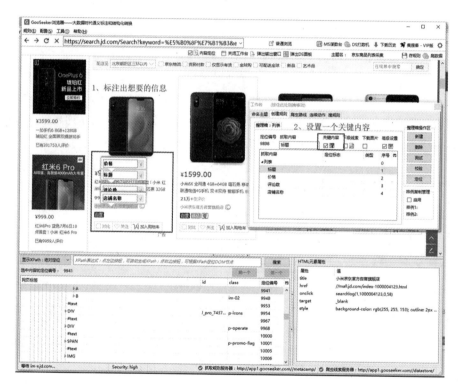

图 3.62 标注采集信息

3. 样例复制

样例复制过程需要把同一网页中相同结构的元素作为样例进行管理。

（1）找到第一个样例的内容，即第一个手机的店铺名称"小米京东官方自营旗舰店"，当单击定位该信息时，在下方的网页标签中可以看到该信息对应的 HTML 代码，右键单击该代码，在弹出的快捷菜单中依次选择"样例复制映射"

"第一个",这样就完成了第一个样例,如图 3.63 所示。

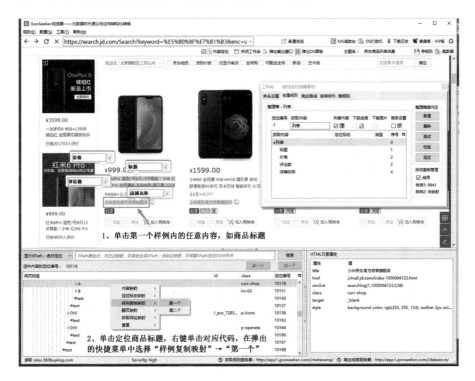

图 3.63 样例复制

(2)寻找第二个样例的内容,即第二个手机的店铺名称"小米京东官方自营旗舰店",这两个样例的结构是一致的。用同样的方法,选择"样例复制映射"→"第二个",就完成了第二个样例,如图 3.64 所示。

通过以上两步就完成了样例复制映射。注意:有时样例复制操作没有错误,但是测试后只采集到一条数据。这个问题多半出在整理箱的定位方式选择上。整理箱默认的定位方式是"偏 ID",但是京东列表网页的整理箱定位方式应选"绝对定位",如图 3.65 所示。

4. 存规则,抓数据

规则测试成功后,点击"存规则"保存定义好的爬虫规则;点击"爬数据"弹出 DS 打数机,根据定义好的爬虫规则抓取数据,如图 3.66 所示。采集成功的数据会以 XML 文件的形式保存在 DataScraperWorks 文件夹中。

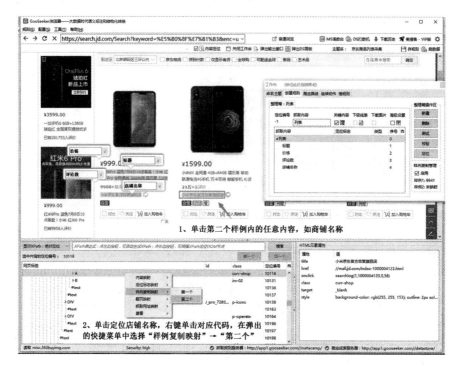

图 3.64 样例复制映射

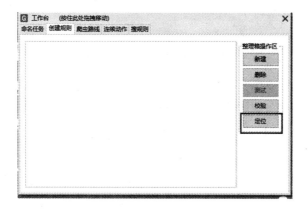

图 3.65 整理箱定位方式

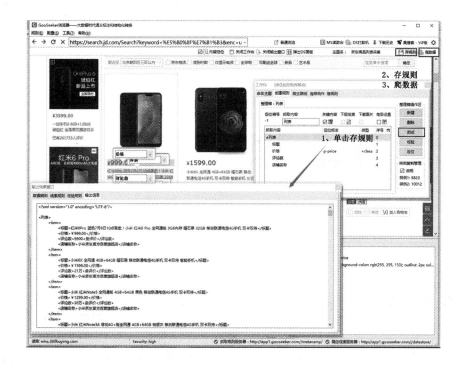

图 3.66 存规则、爬数据

3.3.4 采集翻页列表数据

京东的列表网页有很多页，爬虫能不能自动翻页，来采集每一页的数据呢？当然可以！制订翻页采集规则，爬虫就能自动翻页采集数据。下面以京东列表页为例，介绍翻页列表数据采集步骤，如图 3.67 所示。

图 3.67 翻页列表数据采集步骤

本案例是在 3.3.3 节采集网页列表数据的基础上，直接增加翻页设置，所以，前三步操作与 3.3.3 节的操作相同，此处不再赘述，下面直接进入"设置翻页操作"。设置翻页操作包括两个步骤：设置翻页区、设置翻页记号。

1. 设置翻页区

在当前页面，点击翻页区，我们会发现整个翻页区变成黄色了，而且在下面的网页标签中，光标自动定位到 SPAN 节点，右键单击这个节点，在弹出的快捷菜单中选择"翻页映射"→"作为翻页区"→"新建线索"，如图 3.68 所示。

注意：这里要用鼠标选中整个翻页区，而不是只是选中下一页，或其中的某一页。

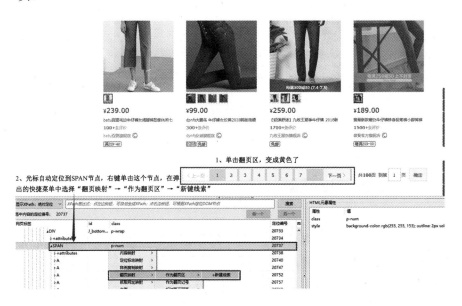

图 3.68 设置翻页区

2. 设置翻页记号

此时，工作台自动切换到了爬虫路线，不需要对其进行设置。在当前网页继续用鼠标点击"下一页"。在下面的网页标签中，光标会自动定位到 A 节点，单击 A 节点，寻找 text 节点，找到后右键单击 text 节点，在弹出的快捷菜单中选择

"翻页映射"→"作为翻页记号",如图 3.69 所示。

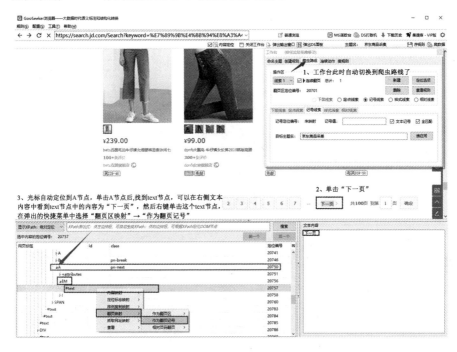

图 3.69 设置翻页记号

3. 特殊翻页符号数据采集

在实际的列表网页中,翻页区和翻页符号有各种各样的情形,如果碰到非本教程中的翻页符号,如箭头、数字页码等,可以按照如下步骤处理:

翻页记号不是文本的情况,如 > 是在 attribute 属性中的节点(带@的节点),就不需要勾选"文本记号",这样就能把非文本映射为翻页记号,这与前面讲的翻页区映射操作相同。翻页记号是文本的情况,如下一页、next 等在#text 节点中,做翻页映射时需要勾选"文本记号"。

如在下面的例子中,我们要获取百度图片中的图片信息,翻页符号是图片右方的">",这个时候我们要把箭头作为翻页记号,首先单击该箭头,在下面的网页标签中,光标自动定位到 SPAN 节点,右键单击这个节点,在弹出的快捷菜单中选择"翻页映射"→"作为翻页区"→"新建线索"。然后用鼠标选择网页标签中的@class 节点,右键单击该节点,在弹出的快捷菜单中选择"翻页映射"→"作为翻页记号",如图 3.70 和图 3.71 所示。

注意:这时,在工作台的爬虫路线中,记号值是非文本记号。

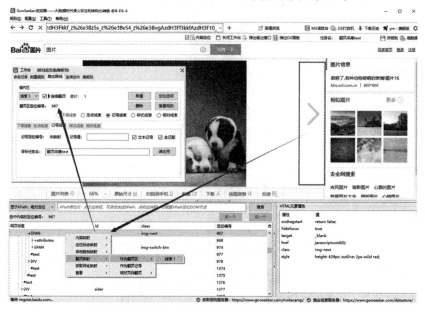

图 3.70　特殊翻页符号数据采集→设置翻页区

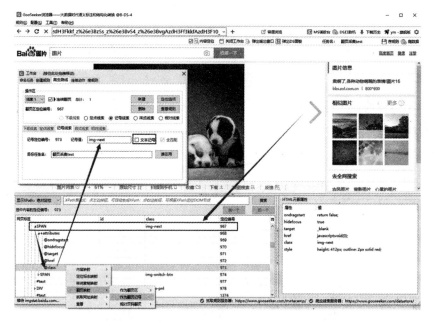

图 3.71　特殊翻页符号数据采集→设置翻页记号

3.3.5 采集网页层级数据

在之前的内容中,我们通过采集单网页数据学习了如何采集京东商品的店铺详细信息;通过采集网页列表数据学习了如何采集京东商品的列表页,即同一网页中具有相同结构的元素;通过采集翻页列表数据学习了如何采集京东商品的多网页数据,即通过设置采集规则在连续翻页的情况下采集数据。本节将通过一个综合案例,把之前学习的知识点串接起来,通过层级采集的方法,批量采集相互关联的两级页面。下面以大众点评为例,讲解如何设置层级采集。采集网页层级数据步骤,如图 3.72 所示。

图 3.72 采集网页层级数据步骤

1. 定义第一级规则

输入一级网址,标注要采集的信息,这一步的详细操作可以参考 3.3.3 节和 3.3.4 节的内容。

2. 设置下级线索

(1) 找到第二级网页的网址,网址通常是存在 attributes 下的@href 节点中。本例中,我们在浏览器上直接点击商品的标题"顺德佬酒楼(学府东店)",在下方的网页标签中定位到该信息对应的网页节点 H4,展开它的下层节点。这时,我们发现没有找到@href,于是再找到它的上层节点 A,这时可以在 attributes 中找到@href。注意:要检验结果是否为对应的下级网址,如果没有问题,则右键单击@href,在弹出的快捷菜单中选择"内容映射"→"新建抓取内容",输入标签名(任意命名),如"网址",如图 3.73 所示。

（2）在整理箱中选中"网址"，打勾选中"下级线索"，如图 3.74 所示。注意：只能对映射了下级网址的标签名进行设置。

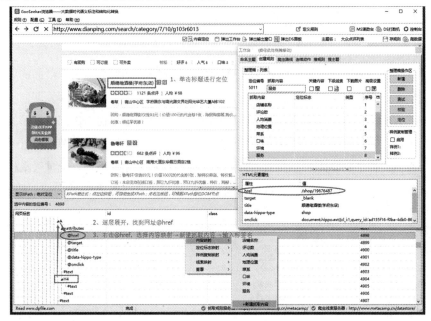

图 3.73　标注采集网址

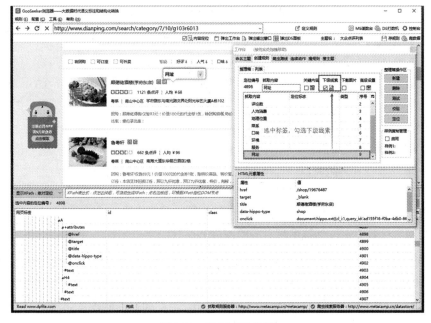

图 3.74　打勾下级线索

（3）这时，会有窗口弹出来，要求输入第二级规则的主题名。输入下级规则的主题名后点击确定，如图 3.75 所示。

图 3.75　定义第二级采集规则主题名

（4）测试后没有问题，就可以将规则保存了。

注意：有的时候抓到的是相对网址，即缺少域名部分的网址，如"顺德佬酒楼（学府东店）"对应的网址是"/shop/19676487"，"鲁粤轩"对应的网址是"/shop/6605035"，如图 3.76 所示。这是因为很多网站都采用了相对网址的方式，但是爬虫给下级主题生成线索时会自动补全域名，所以不会影响下级网页的采集。

图 3.76　测试采集规则

3. 定义第二级规则

在浏览器的菜单栏中点击"规则"→"新建",工作台会被清空。下面就可以制订第二级主题的规则了,复制第二级页面的样例网址并将其粘贴到输入框中,在工作台的"命名主题"选项卡中填入第二级主题名(注意:这里要和前面相对应,即第二级主题名要使用在制订第一级规则时填写的下级规则名),然后标注网页上想要的信息,如图 3.77 所示。

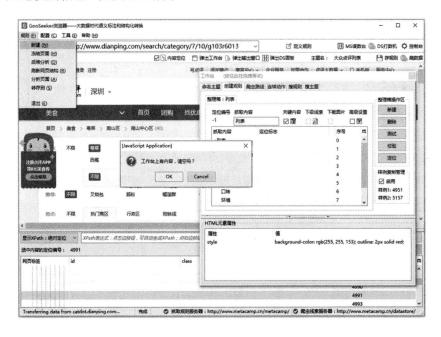

图 3.77　定义第二级采集规则

4. 抓数据

层级规则是独立运行的,先运行第一级规则,它就会把抓到的下级网址自动导入第二级规则。再运行第二级规则,先统计一下线索数,然后就可以输入统计到的网址数,进行批量采集。如果两级要同时运行,单击各自的"集搜"按钮,就能各自运行集搜窗口,如图 3.78 所示。采集成功的数据会以 XML 文件的形式保存在 DataScraperWorks 文件夹中。

第三章 数据从哪来 147

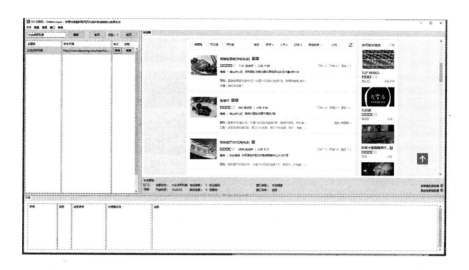

图 3.78 根据爬取规则爬数据

第四章
如何清晰呈现数据

数据作为信息的载体，蕴含着巨大的商业价值，只有真正了解数据，才能诠释数据背后的奥秘。在研究数据的过程中，我们可以从数据的集中趋势、离散程度、相关性程度及描述数据统计特征的可视化图来挖掘数据的统计特征。在数据获取的过程中，有很多渠道和方法，如抽样调查、数据埋点、网站获取、网络爬虫等，上一章重点给大家介绍了一种网络爬虫利器——集搜客，通过该工具，无论是单网页数据、网页列表数据、翻页列表数据还是网页层级数据，都可以轻松爬取到。从本章开始，将系统介绍如何清晰呈现数据，其中包括数据可视化基础与视觉编码、如何选择正确的图表类型，并通过水晶易表的实操介绍一些数据可视化的方法。下一章还将进一步对比不同数据可视化工具，并着重介绍数据可视化神器——Tableau 的使用。

4.1 数据可视化基础与视觉编码

可视化数据分析是位于整个商业智能（Bussiness Intelligent）应用的最顶端，也是最能够体现将数据转换为信息、由信息产生价值的重要一环。基于数据的可视化组件包括 3 个要素：视觉编码、坐标系和标尺。无论是可视化图表还是可视化看板都是由数据和这 3 个要素构成的。那么，如何通过可视化的方式准确有效地传达数据信息？本节将介绍视觉编码与视觉感知认知，并介绍数据可视化的基础。

4.1.1 视觉编码与视觉感知认知

什么是视觉编码（Visual Encoding）？很多人看到题目的时候可能就有这个疑问。其实视觉编码很简单，用一句话就能概括：视觉编码描述的是将数据映射到最终可视化结果上的过程。这里的可视化结果可能是图片，也可能是一张网页等。视觉编码是数据与可视化结果的映射关系，这种映射关系可使读者迅速获取信息。我们可以把可视化看成一组图形符号的组合，这些图形符号中携带了已经被编码的信息。读者从这些符号中读取信息，称为解码。研究表明，能够在10毫秒内"解码"可以被视为"有效信息传达"，而不具备这一特点的信息形式，需要40毫秒甚至更长时间。我们来看下面的案例，数一下图4.1（a）中一共有几个5，再看一下图4.1（b）。

```
9873497902756479028947286240924060370705702790728032080290073025012702370083740827872027200708302478026027037937757097073799706674620970947027 80
```

(a)

```
98734979027564790289472862409240603707057027907280320802900730250127023700837408278720272007083024780260270379377570970737997066746209709470278 0
```

(b)

图 4.1 视觉编码案例（一）

很显然图4.1（b）更加"一目了然"，图4.1（b）中使用了"颜色饱和度"视觉编码，能快速准确地传递信息。人类解码信息靠的是视觉系统，如果说图形符号是编码信息的工具或通道，那么视觉就是解码信息的通道。因此，我们把视觉编码—信息—视觉系统的对应称为视觉通道。

下面这个案例通过4个通道编码4个维度的数据，即可以理解为在同一个图形中使用4种视觉编码来对应数据的4列信息，如图4.2所示。

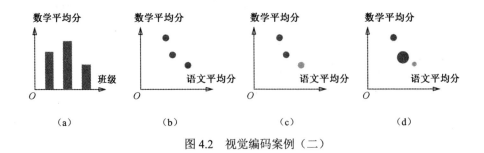

图 4.2　视觉编码案例（二）

图 4.2（a）表示 3 个不同班级的数学平均分，用柱形图表示，柱形图的高度作为一个视觉通道，编码了数学平均分的值；柱形作为一个视觉通道编码了数学平均分这一属性。在图 4.2（b）中，我们想在图 4.2（a）的基础上多展示语文平均分这项数据（即增加一个数据维度），则用"点"这个形状通道编码这两个属性；点的横坐标编码语文平均分的值；点的纵坐标编码数学平均分的值。这时，我们发现图 4.2（b）把班级这个数据维度丢掉了，于是我们用颜色这一视觉通道来编码班级这个属性信息，如图 4.2（c）所示。如果我们还想展示班级人数这一信息，则可用尺寸这一视觉通道来编码，如图 4.2（d）所示。

接下来，介绍视觉编码中常用的视觉通道。在 1967 年，Jacques Bertin 编写的 *Semiology of Graphics* 一书提出了图形符号与信息的对应关系（见图 4.3），奠定了可视化编码的理论基础。

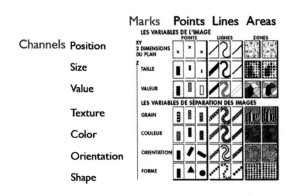

图 4.3　图像符号与信息对应关系

Jacques Bertin 将图形符号分为两种：位置变量和视网膜变量。位置变量一般指二维坐标；视网膜变量包括尺寸（Size）、数值（Value）、纹理（Texture）、颜色

（Color）、方向（Orientation）和形状（Shape）。

基本的图形符号有7种，将其映射到点、线、面之后，就相当于有21种编码可用的视觉通道，后来人们还补充了几种其他的视觉通道，如长度、面积、体积、透明度、模糊/聚焦、动画等。可用的视觉通道其实很多，而一般一份可视化作品用到的视觉通道要尽可能少，因为视觉通道太多反而会造成视觉系统的混乱，使人们获取信息更难。于是就涉及了视觉通道的编码原则，之前讲过数据通常可以分为有序和无序两类，同样，在表现上视觉通道也有无序和有序两种不同的功能。比如，颜色色调通常用于表现分类为无序的数据，同一颜色的不同亮度可以表现其有序。因此用不同视觉通道展现数据包含的信息，是数据可视化的重要基础。

对视觉通道的编码主要根据视觉通道的表现力和视觉通道的有效性。不同视觉通道对于数据的信息表达能力是不同的。所以就有表现力这一衡量方式，视觉通道的表现力是指视觉通道编码信息时需要表达且仅表达数据的完整属性，即能不能完整表达出数据属性的能力。一般编码信息时，在精确性、可辨性、可分离性和视觉突出等方面可以衡量不同数据通道的表现力。对于不同的数据，不同视觉通道的表现力是不同的，所以才有数据可视化的最佳视觉通道的说法。不同视觉通道有不同表现力，而好的可视化设计需要根据数据属性的重要性来选择和编码合适的视觉通道。视觉通道的有效是指视觉通道对于可视化数据属性的表现能力和合适性，是否能让用户更容易地获取数据中相对重要的信息。根据视觉通道在编码数据信息时所表现的不同特性，将视觉通道按照它们的表现力和有效性进行排序，有助于用户在设计信息可视化时方便、快速地选择合适的视觉通道或它们的组合，完整地展现数据包含的信息。其实就是告诉我们，我们不只是做可视化给别人看，有时候也要做平台式的给用户使用，配合用户让他们选择可视化，这时就要考虑这些。

人类感知系统在获取周围信息的时候，存在3种最基本的感知模式，如图4.4所示。第1种，得到的信息是关于对象本身的特征和位置等的，对应的视觉通道类型是定性或分类的，即对象是什么、在哪里。第2种，感知模式得到的信息是关于对象某一属性在数值上的程度的，对应的视觉通道类型是定量或定序的，即描述对象的程度。例如，形状是一种典型的定性视觉通道，即人们通常会将形状分为圆形、三角形等，而用户也会用不同长度的线段描述同一数据属性的不同值。第 3 种，视觉通道类型是分组或关系的，分组是针对多个或多种标记的组合描述，表述信息之间的包含、连接、相似或接近等关系。常用的视觉编码及应用场景如下。

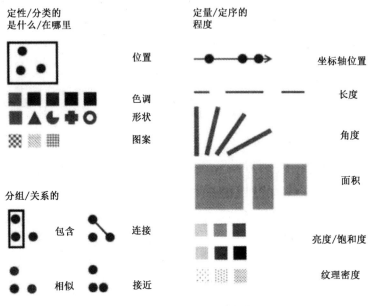

图 4.4　3 种基本感知模式

1. 用于分类的视觉通道

1）位置（见图 4.5）

平面位置在所有的视觉通道中比较特殊，一方面，平面上相互接近的对象会被分成一类，所以位置可以用来表示不同的分类；另一方面，平面在使用坐标来标定对象的属性时，位置可以代表对象的属性值大小，即平面位置可以映射定序或者定量的数据，如下面会讲到的"坐标轴位置"。

平面位置又可以分为水平和垂直两个方向的位置，它们的差异性较小，但是受重力场的影响，人们更容易分辨出它们的高度，而不是它们的宽度，所以垂直方向的差异能被人们很快意识到，这就解释了为什么计算机屏幕设计成 16:9、4:3，这样的设计可以使得两个方向的信息量达到平衡。

2）色调（见图 4.6）

我们只会从定性的角度认识色调，平常我们所说的冷暖色调，就是一件物品或一幅图表现出来的情感的强烈程度，这种情感的强烈程度没法从定量的角度去判别冷艳或热烈。认识色调，我们要明白：纯色就是色调、向纯色（色调）增加黑色就构成了暗色、向纯色（色调）增加白色就构成了亮色。

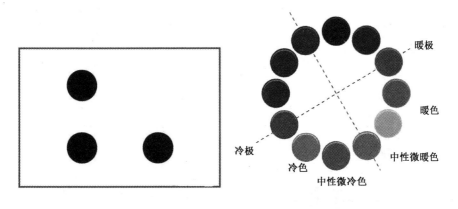

图 4.5　位置　　　　　　　　图 4.6　色调（示意）

3）形状（见图 4.7）

形状代表的含义很广，一般理解为对象的轮廓，或者对事物外形的抽象，用于定性描述，如圆形、正方形，更复杂一点的是几种图形的组合。

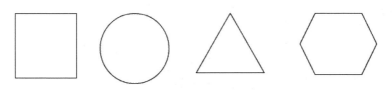

图 4.7　形状

4）图案（见图 4.8）

图案也称为纹理，大致可以分为自然纹理和人工纹理。自然纹理是自然界中存在的有规则的图案，如树木的年轮；人工纹理是指人工实现的规则图案，如中学课本上求阴影部分面积的示意图。由于纹理可以看作对象表面或者内部的装饰，所以可以将纹理映射到线、平面、曲面、三维立体的表面中，以区分不同的事物。

图 4.8　图案

2. 用于定量/定序的视觉通道

1）坐标轴（见图 4.9）

坐标轴上的位置就是介绍位置中的定量功能，使用坐标轴可以对数据的大小进行定量或排序操作。

图 4.9　坐标轴

2）长度（见图 4.10）

长度也可以被称为一维尺寸，当尺寸较小时，其他的视觉通道容易受到影响，人们对很小的形状也无法区别，如一个很大的红色正方形比一个红色的点更容易区分。

根据史蒂文斯幂次法则，人们对一维的尺寸，即长度或宽度，有清晰的认识。但随着维度的增加，人们的判断越来越不清楚，如二维尺寸（面积）。因此，在可视化的过程中，往往要将重要的数据用一维尺寸来编码。

图 4.10　长度

3）角度（见图 4.11）

角度还有一个名字叫"方向"，方向不仅可以用来分类，还可以用来排序，这要看可视化时选择什么象限。在二维可视化的世界里，4个象限有3种用法：在1个象限内表示数据的顺序；在2个象限内表现数据的发散性；在4个象限内可以对数据进行分类。

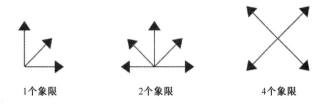

图 4.11　角度

4）面积（见图 4.12）

面积就是二维的尺寸。

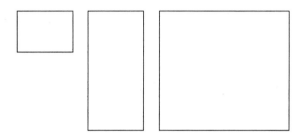

图 4.12　面积

5）亮度/饱和度（见图 4.13）

亮度是表示人眼对发光体或被照射物体表面发射的光线或反射的光线强度实际感受的物理量。简而言之，当任意两个物体表面被拍摄出的最终结果是一样亮，或被眼睛看起来两个表面一样亮时，它们的亮度就是相同的。在可视化方案中，尽量使用少于 6 个可辨识的亮度层次，两个亮度层次之间的边界也要明显。

饱和度是指色彩的纯度，也称色度或彩度，是色彩三属性之一。例如，大红比玫红更红，这就是说大红的色度要比玫红更高。饱和度跟尺寸有很大关系，区域大的适合用低饱和度的颜色填充，如散点图的背景；区域小的使用更亮、颜色更丰富、饱和度更高的颜色填充,便于用户识别,如散点图的各个散点。小区域使用的饱和度通常只有 3 层,大区域的可以适当增加。

图 4.13　亮度/饱和度

6)图案密度(见图 4.14)

图案密度是表现力最弱的一个视觉通道,在实际应用中很少看到它的身影。可以把它当作同一种形状、尺寸、颜色的对象的集合,用来表示定量或定序的数据。

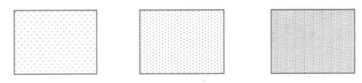

图 4.14　图案密度

3. 用于表示关系的视觉通道

1)包含(见图 4.15)

包含是将相同属性的对象聚集在一起,并把它们囊括到一个区域,这个区域与其他区域具有明显的分界线,如方框、圆形等。

2)连接(见图 4.16)

连接关系在表示网络关系型数据中使用,如在邮件收发关系中,收件人与发件人之间的关系使用线段连接,表示他们之间具有一定的联系。

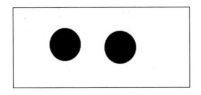　　　　　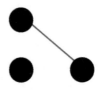

图 4.15　包含　　　　　　　　　　　图 4.16　连接

3）相似（见图 4.17）

相似经常与颜色搭配使用，属性类似的对象之间的关系使用相同色调、不同亮度的颜色来表示。

4）接近（见图 4.18）

如果说相似借用颜色来聚类属性相似或相同的对象，那么接近就是利用距离来表示这些对象。这可以体现在设计原则中的亲密性原则，相同性质的事物应该放在一起。

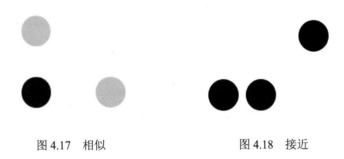

图 4.17　相似　　　　　　　　图 4.18　接近

4.1.2　数据可视化的基础

数据可视化是通过可视元素传递数据信息、利用人眼感知能力对数据进行交互表达以增强认知的技术。在可视化与可视分析过程中，用户是所有行为的主体，而用户要做的就是通过视觉感知器官来获取可视信息、编码并形成认知，从而在交互分析中获取解决问题的方法。如图 4.19 所示，数据从模拟仿真和现实世界产生，我们对获取的数据进行处理、分析、可视化，然后传递给用户；用户通过视觉感知获取方法和可视化信息，这会影响用户做出的决策，进而影响行为，然后影响现实世界。

数据可视化技术，是将数据转换为易被用户感知和认知的可视化视图的重要手段，整个过程涉及数据处理、可视化编码、可视化呈现和视图交互等流程，每个步骤的设计需要根据人类感知和认知的基本原理进行优化。可以说，数据可视化的基础是深刻理解人类的感知与认知特点，并基于此遵循数据可视化的设计原则进行可视化作品的设计。接下来，我们重点介绍视觉感知处理过程与特点，以及数据可视化的设计思维与设计原则。

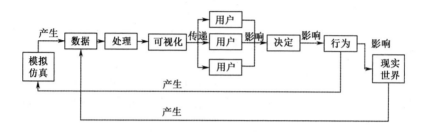

图 4.19　可视化分析过程

1. 视觉感知处理过程与特点

感知指客观事物通过感觉器官在人脑中的直接反映，如人类感觉器官产生的视觉、嗅觉、听觉、触觉等。认知指在认识活动的过程中，个体对感觉信号接收、检测、转换、简约、合成、编码、储存、提取、重建、概念形成、判断和问题解决的信息加工处理过程。可以说感知是认知的基础与前提，认知是感知的知识加工与处理。人类感知系统可以分为语言子系统和非语言子系统，语言子系统表征单元为语言单元，语言单元根据联想与层级组织；而非语言子系统表征单元为图像单元，图像单元根据部分与整体的关系组织，如图 4.20 所示。例如，一个人可以通过"汽车"这个词语想象一辆汽车，或者通过车的心理映像想象一辆车；在相互关系上，一个人可以想象出一辆车，并用语言来描述它，也可以读或听关于车的描述后，构造出心理映像。

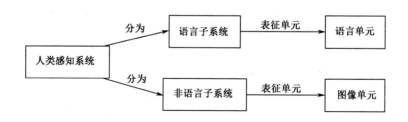

图 4.20　人类感知系统分类

在科学领域中,认知是包含注意力、记忆、产生和理解语言、解决问题,以及进行决策的心理过程的组合。人类视觉系统观察的是变化,而不是绝对值,并且容易被边界吸引,而记忆容量又是有限的,可视化可以帮助人们强化认知过程。1912 年,著名心理学家格式塔提出"格式塔理论",强调经验和行为的整体性,认为视觉形象应该作为统一的整体被认知,即人们在进行观察时,倾向于将视觉感知的内容理解为常规的、简单的、相连的、对称的或有序的结构。同时,人们在获取视觉感知时,会倾向于将事物理解为一个整体,而不是理解为组成事物所有部分的集合,这对于数据可视化具有重大的借鉴意义。

格式塔理论涵盖几个重要的人类感知特点,包括贴近原则、相似原则、连续原则、闭合原则、共势原则、对称性原则、经验原则等。

1)贴近原则

当感知对象在空间距离较近时,人们一般会倾向于将靠近的对象归为一组。如图 4.21 所示,图 4.21(a)中的各个对象没有彼此贴近,所以不会被认为是一组,而图 4.21(b)中的花纹有贴近,因此被识别为一个圆盘。

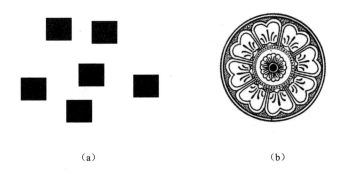

(a)　　　　　　　　　　　(b)

图 4.21　贴近原则

2)相似原则

人们在观察事物时,会自然地根据事物的相似性(如颜色、形状、大小等物理性质)进行分组,虽然实际上事物也许没有分组的意图。如图 4.22 中的散点图和统计图很容易让用户认为不同的颜色是不同的分类。贴近原则和相似原则分别采用空间距离或属性相似性对数据进行分组。

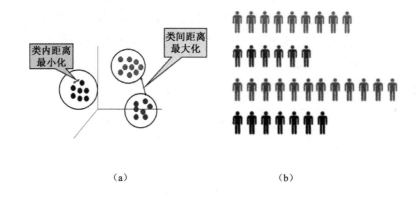

图 4.22 相似原则（示意）

3）连续原则

人们在观察事物时，会自然地沿着物体边界，将不连续的边界贴近，并将连续的物体视为一个整体。图 4.23（a）会被用户看作一个整体，而当数据隔断过大时，人眼的重建视觉感知就容易与实际数据产生偏差，如图 4.23（b）所示，由此图推断，用户的感知会与实际曲线产生偏差。

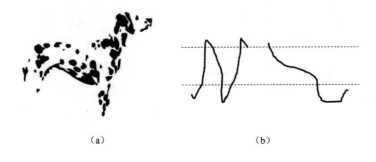

图 4.23 连续原则

4）闭合原则

闭合原则和贴近原则有一定的相似性，但是它也有自己的特点。在某些视觉映像中，物体会有不完整的或不闭合的情况，而格式塔心理学认为，只要物体的形状足以表征其本身，人们就会很容易地感知到整个物体而忽视其未闭合的特征。简而言之就是，当物体满足一些条件的时候，即使它并不完整，但是用户还是可以感知出它的完整特征。如图 4.24 所示，未闭合的特征并不影响人们识别这两张图。

（a） （b）

图 4.24 闭合原则

5）共势原则

共势原则是指，如果一组物体有沿相似的光滑路径运动的趋势或具有相似的排列模式，人们会将它们识别为同一物体。如图 4.25（a）所示，有一堆点同时向下运动，同时另一堆点向上运动，那么用户就会将这两堆点看成两组不同的物体。这与相似法则注重的属性有些类似，但是共势原则强调趋势和模式，它不但可以是静态的，也可以是动态的。

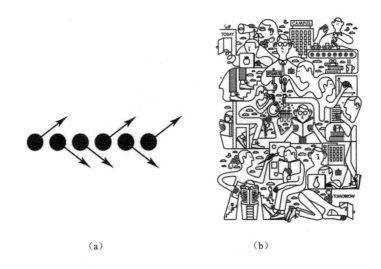

（a） （b）

图 4.25 共势原则

6）对称性原则

对称性原则是指人的意识倾向于将物体识别为沿某点或者某轴的对称形状。因此，将数据按照对称性原则分为偶数个对称的部分，对称的部分会被下意识地识别为相连的形状，从而增强认知的愉悦度，如图 4.26 所示。

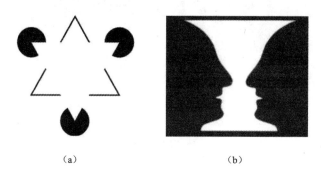

（a） （b）

图 4.26 对称性原则

7）经验原则

经验原则是指人的视觉感觉与人过去的经验有关。在对事物进行认知的过程中，人更倾向于将事物与自己过去的常识经验相联系。如图 4.27 所示，大多数人会认为图中是字母 ABC，很少会发现中间的字母 B 是由数字 1 和 3 组成的。

图 4.27 经验原则

格式塔理论强调：视觉形象首先要作为统一的整体来被感知，而后才是作为部分被感知；同时，整体特性和部分拆分开的特性有所不同，人们"看"一张图片，首先看到的是构图整体，然后才会看到组分。这种理论有啥用呢？数据可视化都会包含这种对图片元素的表达和重组，如何高效直观地让绝大部分用户接收数据也是需要考虑的，其中还会涉及用户对图片的感知和认知过程。格式塔心理学就是一套完整的对心理感知认知的心理学研究，尽管它会有一些缺陷，但是对于可视化设计研究是有借鉴意义的。

2. 数据可视化的设计思维与设计原则

在计算机科学中，利用人眼的感知能力对数据进行交互的可视表达来增强认知的技术称为可视化。可视化将不可见或者难以直接显示的数据转化成可感知的图形、符号、颜色、纹理等，以提高数据识别效率，传递有效信息。除了将数据有形地展示，可视化设计更要组织数据，形成可视化故事呈现给观赏者。优秀的数据可视化作品，往往是将数据可视化成一个故事，而将情感化设计融入数据可视化的设计，能进一步引导用户的认知与体验，激发用户联想，并产生情感共鸣。因此，可视化叙事用讲故事的方式表现数据、叙述数据，是数据可视化设计中一个重要的领域。在这里不得不说的是数据可视化设计过程中的两个关键因素：数据可视化设计思维和数据可视化设计原则。

1）数据可视化设计思维

数据可视化设计思维，大致包括发现阶段、定义阶段、概念设计阶段、原型设计阶段、评估优化阶段 5 个阶段，如图 4.28 所示。

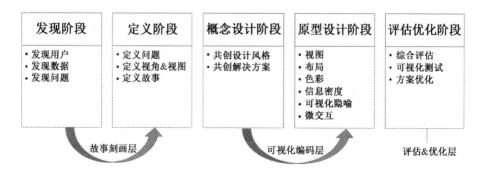

图 4.28 数据可视化设计思维的 5 个阶段

（1）发现阶段。发现阶段是收集的过程，与用户联系紧密，收集真实的需求，收集需要可视化的数据，从用户和数据中发现问题。发现阶段包括发现用户、发现数据、发现问题 3 个方面，如图 4.29 所示。

图 4.29　发现阶段

首先是发现用户。用户是数据可视化的受众，对于大多数的数据可视化大屏（尤其是政企单位），设计受众往往分为各种角色的领导和一线工作人员。因此，如何满足各种利益相关者的需求，成为发现用户阶段需要解决的关键问题。遵循以人为本的理念，用大量的时间与利益相关者相处，通过观察、实地调研、用户访谈等方式，了解用户日常工作流程、工作场景涉及的数据，捕获利益相关者的真实痛点和诉求，为构建可视化故事做准备。

其次是发现数据。数据是可视化的对象，数据可视化并不是简单地罗列数据图表，而是要发现数据所蕴含的规律、态势、问题、结论等。每个领域通常都有自己的词汇表来描述相关的数据和问题，不同的数据状况与数据组合的寓意不同，数据背后隐藏的问题也都不尽相同。数据源本身也可能会存在问题，许多设计师跳过专业的分析手段，根据未经验证的数据或假设，立即进入可视编码阶段，可视化结果会产生偏差。发现数据的过程还可以验证数据是否可信，数据中是否存在业务概念性、逻辑性的问题。利用数据分析和数据挖掘，分析数据、发现数据集的意义及数据背后隐藏的问题，验证之前的结论、假想，通过可视化的方式形象地进行展示。

最后是发现问题。洞悉用户，可以发现一些用户关注的核心问题和解决问题的方式。通过数据处理、分析与挖掘，可以验证之前的假设，发现数据集隐藏的特征和问题。将有价值的问题收集起来，准备进入定义阶段。

（2）定义阶段。定义阶段侧重找准问题，找准问题才能正确地构建可视化故事。根据在发现用户阶段得到的用户关注的核心问题，结合发现数据阶段得到的数据背后隐藏的问题，选择合适的视角和视图，构建兼顾每个利益相关者的可视化故事脚本，阐述数据可视化故事。定义阶段包括定义问题、定义视角和视图、定义故事，如图 4.30 所示。

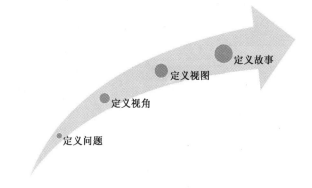

图 4.30　定义阶段

首先是定义问题。发现用户阶段的问题往往是由用户工作场景中的痛点产生的，发现数据阶段的问题往往是数据背后隐藏的问题。解决数据本身的问题会缓解用户痛点，数据分析中发现性或预测性的规律也会给解决用户问题提供方向。将发现阶段的问题收集起来，进行归纳分析，最终确定数据可视化需要反映或解决的核心问题。

其次是定义视角和视图。定义了可视化问题，也就意味着确定了探索数据的主线，即可视化视角。接下来定义视图，相当于构建可视化故事的每个章节及数据可视化的内容，通过不同的视图表现可视化故事的情节，让数据对故事的叙述层层递进。

最后是定义故事。根据问题、视角、视图，确定数据可视化的全流程（即数据展示的顺序、数据内容、阐述的道理或规律，如何利用规律获得启示与帮助），形成可视化叙事的故事脚本。

（3）概念设计阶段。概念设计的过程是一个思维共创的过程，优秀的可视化设计是创造性的产物。因此，共创的概念设计是可视化设计思维的核心。通过头脑风暴、卡片分类、Workshop 的形式，将不同领域、不同专业的人聚合起来集思广益，共创数据可视化解决方案，包括共创设计风格和共创解决方案两个方面，如图 4.31 所示。

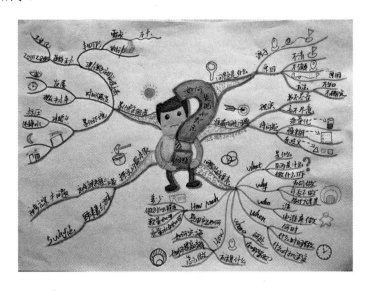

图 4.31　概念设计阶段

首先是共创设计风格。为了让可视化产品在众多竞品中脱颖而出，可以从可视化产品功能、用户、愿景 3 个维度发散，通过脑暴穷举、分类去重、提炼聚类的流程，提炼出设计风格的关键词，共创得出可视化设计风格。

其次是共创解决方案。在共创确定了可视化设计风格后，根据设计关键词共创可视化设计解决方案。在构思解决方案时，团队共同进行发散思维，尽可能多地获得创新想法或解决方案。在此阶段，可以将技术实现等限制性因素置于一旁，专注创造合理的、符合设计风格的解决方案。通过 Workshop 的形式探讨各种想法，借助便笺或者草图帮助自己快速记录创意方案，多维度评判和分析解决方案，筛选相关方案并进行调整和重组，最终共创出最佳的可视化解决方案。

（4）原型设计阶段。原型设计过程是执行阶段，将此前发现阶段、定义阶段、概念设计阶段形成的抽象概念具象化。原型设计是可视化编码层中最重要的一环，如何用最适宜的视觉通道编码数据是原型设计需要重点关注的问题。原型设计的输出直接面向设计受众，可视化编码阶段需要考虑如何更好地提升用户与数据可视化之间的互动体验。从人的感官入手，立足于眼见、耳闻、心感3个层次开展原型设计，让数据可视化富有感官冲击力，如图4.32所示。

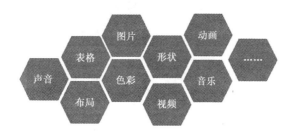

图4.32　原型设计阶段

首先是眼见，视觉是获取信息最重要的通道，要做到信息展示交互和精致的视觉编码。信息展示交互方面的设计需要做如下操作：根据不同可视化视图需要传达的信息的主次关系，确定可视化设计布局和信息密度；根据数据的展示目的，确定合适的可视化图表和视觉通道；根据设计受众的心智模型，选择合适的可视化隐喻，降低认知门槛。根据信息主次与可视化故事的叙述，选用合适的人机互动方式。针对概念设计阶段共创的设计风格，编码视觉信息包括布局，元素的大小、样式、色彩等。在此基础上，合理增加微交互动效，使可视化信息更加吸引眼球。

其次是耳闻，听觉是视觉获取信息通道的补充。在数据可视化设计中，增加声音元素作为串联可视化故事的机制，可以降低观赏者的认知门槛。在交互过程中，符合可视化故事主题的声音反馈，对调动观众情绪起重要的辅助作用。

最后是心感，达到感知与认知相互作用。在感知层面，眼见和耳闻层面的设计让观赏者获取可视化信息。通过数据可视化讲故事的能力来调动观赏者的情绪，通过可视化隐喻、精致的视觉编码和微动效，让观赏者产生情感上的共鸣。在认知层面，可视化故事的内涵需要紧扣观赏者的关注点，并能够引导用户获得因果分析、规律总结等方面的知识。

（5）评估优化阶段。评估过程是测试和优化阶段，能综合评估方案的合理性，与利益相关者接触以收集反馈，根据评估结果不断优化可视化解决方案。评估优化包括综合评估、可行性测试和方案优化3个方面，如图4.33所示。

图 4.33　评估优化阶段

首先是综合评估。综合评估设计方案能否反映或者解决定义阶段定义的核心问题，达到用数据叙述可视化故事的效果；可视化故事是否流畅、有内涵，使观赏者获得启发性知识。数据可视化后是否可以反映某些状态，以及解决问题的方法与对策。虽然提倡真实地反映数据，但是在必要时，也可以使用一些"数据说谎"的形式增强可视化故事的说服力。

其次是可行性测试。对利益相关者进行评估，让设计师当讲解员，给设计受众讲解可视化解决方案。演示者能否简洁、生动地描述可视化故事是衡量方案好坏的指标，其间观察设计受众的状态并记录相关问题。进行简单讲解后，观察设计受众（观赏者）能否立刻投入其中，指点江山。让观赏者自己观看可视化解决方案，能否立刻进入可视化故事，产生情感共鸣，其间观察并记录观赏者的疑惑与建议。

最后是方案优化。评估过程可以贯穿设计、开发、测试整个流程，形式不限。在原型设计阶段开始与利益相关者沟通，可以极大地节约开发成本。每个阶段性评估后，根据评估结果不断优化可视化解决方案。

2）数据可视化设计原则

设计数据可视化时，需要遵循以下原则：实现效果清晰、炫酷，合理构建空间感和元素的精致感，如图 4.34 所示。要体现作品本身的内涵，应有正确的可视化故事和视图选择；合理的信息密度筛选；数据到可视化的直观映射；合适的可视化交互。可视化追求作者与读者的共情，自然的可视化隐喻，巧用动画和过渡。

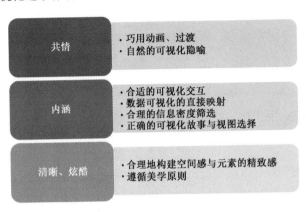

图 4.34　数据可视化设计原则

（1）美学原则。视觉是获取信息最重要的通道，超过 50%的人脑功能用于对视觉的感知，人脑对美的感知没有绝对统一的定义和标准，但是有一定的规律可循。要遵守美学原则，可以从构图、布局和色彩等角度进行探索，如图 4.35 所示。

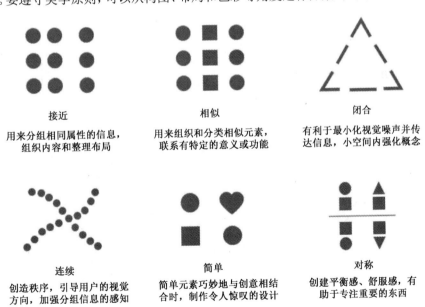

图 4.35　美学原则

首先是构图美。与心理需求相似，视觉也有"向往稳定"的需求，稳定的画面可以使人们获得安定感和舒适感。可视化设计在高分辨率的大屏上展示，对画面稳定感的要求比对画面平衡感的要求更加苛刻。设计师对画面的合理组织和安排，以及设计元素自身平衡的物理属性共同构成平衡的画面感。更精确地说，画面的构图形状、视点的选择、构图的平衡感、色彩的平衡感都会影响整个可视化画面的稳定感。

其次是布局美。格式塔原则在用户体验设计，特别是可视化大屏的界面设计布局中非常关键。利用格式塔原则指导信息布局，可以帮助用户快速找到他们想要的内容，并一目了然地了解所看到的内容。

最后是色彩美。在数据可视化设计中，色彩是最重要的元素之一。合理利用色彩的情感可以增强可视化设计的感知效果，调动观赏者的情绪。色彩情感指不同波长色彩的光信息作用于人的视觉器官，通过视觉神经传入大脑后，经过思维和以往的记忆、经验产生联想，从而形成一系列色彩心理反应。不同的色彩给人以不同的心理感受，如红色代表喜庆、热情、欢乐、爱情、活力等。但是，很多时候，红色也与灾难、战争、愤怒等消极情绪联系在一起；蓝色会给人带来友好、和谐、信任、宁静、希望等积极的情感体验，也会给人以冷酷、无情的心理感受。不同的色彩搭配可以表现不同的情感，用来表达与之匹配的可视化设计主题风格，调动观赏者的情感。

（2）合理构建空间感与元素的精致感。传统的数据可视化以各种通用图表组件为主，不能达到炫酷、震撼人心的视觉效果。优秀的数据可视化设计需要有炫酷的视觉效果，让可视化设计可以随时随地脱颖而出。通过大量的数据可视化大屏方案分析后，得出炫酷的数据可视化具有共同的视觉特征：高级感、符合可视化主题的颜色搭配；具有很强的空间感，且信息承载性强；高精度材质构建出的模型，配合贴近现实的光影；丰富的粒子流动、光圈闪烁等动画效果。

（3）正确的可视化故事与视图选择。策划是数据可视化大屏的灵魂。对可视化故事的提炼、视图的精心规划是数据可视化大屏的首要任务。与功能型产品以用户的使用场景为出发点略微不同，数据可视化设计还要重点关注数据。通过分析、挖掘数据，提炼数据中所隐藏的可视化故事，然后根据叙述故事的要求，确定正确的视图。简单的数据可视化故事可以用一个基本的可视化视图展现，复杂的可视化故事可以规划多个视图，多个视图有层次、有顺序地展示数据包含的重要信息，表达出相应的可视化故事，如图4.36所示。

图4.36 正确的可视化故事与视图选择

（4）合理的信息密度筛选。一个好的可视化应当展示数量合适的信息，而不是越多越好。合理的信息展示，有利于向用户清晰地叙述可视化故事。合理的信息展示需要：筛选信息密度，使信息展示量恰到好处；区分信息主次，使信息显示主次分明，如图4.37所示。

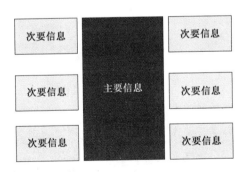

图4.37 合理的信息密度筛选

失败的可视化案例可能主要存在两种极端情况：过多或者过少的数据信息展示。第一种极端情况是可视化设计者想传递的信息量过多，在增加可视化视觉负担的同时，还会使观赏者难以理解，重要信息淹没在众多的次要信息之中，可视化设计无法快速准确地叙述想表达的故事。第二种极端情况，可视化设计者高度精简信息，使用户形成了认知障碍，用户无法衔接相关数据，信息片段无法串联形成可视化的故事。

（5）从数据到可视化的直观映射。可视化的核心作用是，使用户在最短的时间内获取数据所要表达的信息。直接观察抽象的数据显然无法快速获取数据想表达的信息，因此将合适的数据选择到可视化元素的映射，可以提高可视化设计的可用性和功能性。数据到可视化元素的映射需要充分利用固有经验，如根据数据的特征与表达目的，利用经验选取合适的图表进行可视化，如图 4.38 所示。

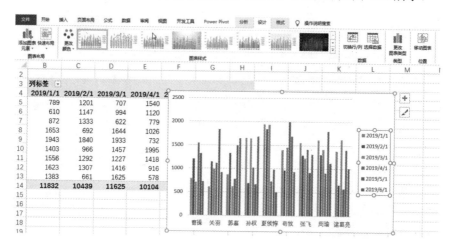

图 4.38　数据可视化的直观映射

（6）恰当的可视化交互。在数据可视化叙事过程中，可以用信息轮播、动画等效果自动切换数据信息，以推进可视化故事的叙述。这种取代用户主动操作的方式不宜使用过多，以免产生混乱，对信息读取造成干扰。数据可视化设计在需要用户交互操作时，要保证操作的引导性和预见性，做到交互之前有引导，交互之后有反馈，使整个可视化故事自然、连贯。此外还要保证交互操作的直观性、易理解性和易记忆性，降低用户的使用门槛，如图 4.39 所示。

（7）自然的可视化隐喻。自然的可视化隐喻在利用数据叙述故事时，将陌生的数据信息与可视化用户所熟悉的事物进行比较，有助于增强可视化用户对故事的理解。在情感上也更加容易让用户产生共鸣，体现出可视化设计的人本思想。本体与喻体之间存在某种关联或相似性，这样的可视化隐喻显得自然而不突兀，具象的模型可以降低可视化用户的理解门槛,加深对产品的印象,如图 4.40 所示。

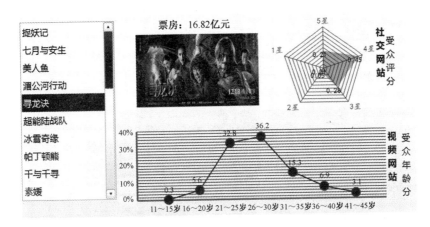

图 4.39 恰当的可视化交互

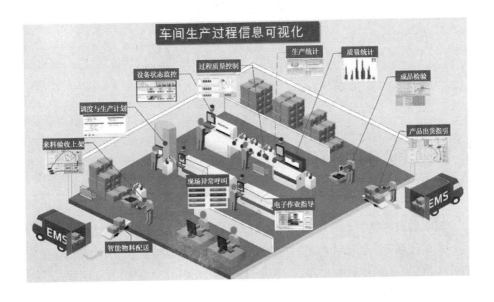

图 4.40 自然的可视化隐喻

(8)巧用动画与过渡。动画与过渡效果可以增加可视化结果视图的丰富性和可理解性,增强用户交互的反馈效果,操作自然、连贯;还可以增加重点信息或者整体画面的表现力,吸引用户的关注、加深印象,如图 4.41 所示。但是,动画与过渡使用不当会带来适得其反的效果。如何巧用动画与过渡，需要做到以下几点：适量原则，动画不宜使用过多（尤其是自动播放的），避免陷入过度设计的危机中；统一原则，相同动画的语义统一，且相同行为与动画保持一致，以保持一致的用户体验；易理解原则，即简单的形变、适量的时长、易判断、易捕捉，避免增加观赏者的认知负担。

图 4.41　巧用动画与过渡

4.2　如何选择正确的图表类型

在之前的内容中，我们学习到视觉编码是数据与可视化结果之间的映射关系，这种映射关系可促使阅读者迅速获取信息。人类感知系统在获取周围信息的时候，存在 3 种最基本的感知模式，即定性或分类的视觉通道、定量或定序的视觉通道、分组或关系的视觉通道，要根据视觉通道的表现力和有效性选择具体的视觉编码类型。数据可视化的基础是深刻理解人类的感知与认知特点，并基于此遵循数据可视化的设计原则进行可视化作品的设计，所以在之前的内容中还重点介绍了视觉感知的处理过程和特点及数据可视化的设计原则。本节将介绍工作生活中常见的统计图表及统计图表的正解使用方法。

4.2.1 工作生活中常见的统计图表

统计图表是根据统计数字,用几何图形、事物形象和地图等绘制的各种图形,它具有直观、形象、生动、具体等特点。统计图表可以使复杂的统计数字简单化、通俗化、形象化,使人一目了然,便于理解和比较。因此,统计图表在统计资料整理与分析中占有重要地位,并得到了广泛应用。下面介绍一些常见的统计图表,并通过例子对每种图表进行形象、生动的诠释。

1. 总计图表

总计图表是反映整体数据统计结果的图表,图表可反映各个项目在总计数据中所占的比例。总计图表可分为柱形图、饼状图、环形图 3 种。

(1) 柱形图。柱形图常以柱形或长方形显示各项数据,并进行比较。通过各个数据的柱形长度可以直观地显示各项数据间的关系,如图 4.42 所示。图 4.42 中展示了不同类型节目的观看人数,可以看出,观看人数最多的节目类型依次是剧情、都市、搞笑、时装、综合等。

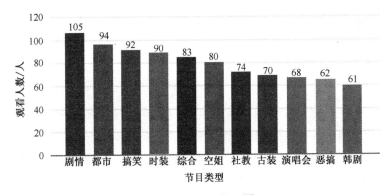

图 4.42 柱形图

(2) 饼状图。饼状图常以圆形的方式显示各数据的比例关系,每项数据以扇形呈现,通过占整体圆面积的比例,直观地反映出数据间的大小关系,如图 4.43 所示。从图 4.43 中可以看出,综艺类节目在收视节目类型中所占比例位于榜首。

（3）环形图。环形图常以环形的方式显示各数据的比例关系，不同的数据所占环形圈的面积可以直接反映数据间的差异，如图 4.44 所示。图 4.44 中表现了上网浏览各种内容占据日常上网的时长比例，与饼状图类似，色块的面积越大，代表花费的时间越多。从图 4.44 中不难发现，即时通信、搜索引擎、网络新闻、网络音乐、博客/个人空间是人们上网浏览的主要内容。

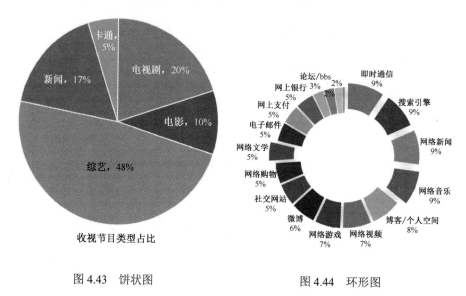

图 4.43　饼状图　　　　　　　图 4.44　环形图

2. 分组数据图表

分组数据图表是指把不同的数据分组后，在一张可视化图表中显示出来，在同一组中的数据有相同的特性。常见的分组数据图表包括直方图、折线图（曲线图）、散点图、气泡图等。

（1）直方图。直方图常以柱形的方式显示信息频率的变化状况，并从对比中显现不同项目的数据差异。直方图与前面提到的柱形图有相似之处，但是直方图与柱形图的信息内涵不同，柱形图的纵坐标可以表示任何含义，展现绝对数值；而直方图的纵坐标表示数值出现的频率，如图 4.45 所示。图 4.45 中展示了男女不同体重的占比情况，深色代表女性，浅色代表男性，纵坐标代表占比，即不同性别的人数在总人数中的占比。纵坐标数值越高，表示其在总人数中的占比越高。

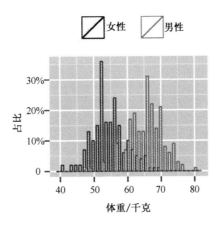

图 4.45 直方图

（2）折线图（曲线图）。折线图常以折线的方式绘制数据图表，它能直观地显示出连续数据变化的幅度和量差，如图 4.46 所示。图 4.46 中展示了某演员参演不同角色时与传统媒体、新媒体、电影票房表现力的对应关系，可以直观地看出，该演员的不同角色级别对不同媒体的评分有直接影响。

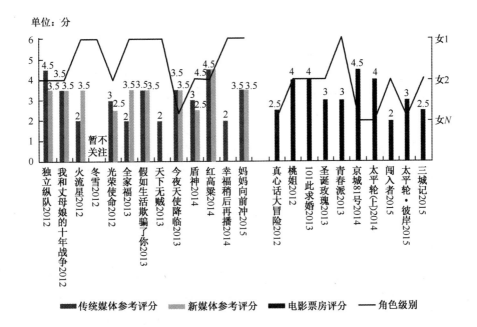

图 4.46 折线图

（3）散点图。散点图由两组数据构成多个坐标点，考察坐标点的分布，判断两变量之间是否存在某种关联或总结坐标点的分布模式。散点图常用在回归分析中，表示因变量随自变量而变化的大致趋势，据此可以选择合适的函数对数据点进行拟合，如图4.47所示。图4.47中，横坐标代表广告费用，纵坐标代表销售收入，通过回归曲线不难发现，随着广告费用的增加，销售收入也在相应地增加。

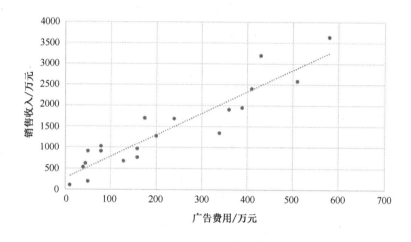

图4.47　散点图

（4）气泡图。气泡图与散点图相似，不同之处在于，气泡图允许在图表中额外加入一个表示大小的变量。实际上，这就像以二维方式绘制包含3个变量的图表一样。气泡由大小不同的标记（指示相对重要程度）表示，如图4.48所示。图4.48中用横坐标表示温度情况，用纵坐标表示降雨量，气泡的大小表示农作物的产量。

3. 原始数据图表

原始数据图表是由不同层次结构里的数据组合而成的图表，通过这类图标的展示使得数据层次更加清晰。原始数据分为茎叶图和箱形图两种。

（1）茎叶图。茎叶图又称枝叶图，它以变化较小的数据为茎，以变化较大的数据为叶，以树枝茎脉的方式直观地展示数据，并运用图形解释后续数据的变化情况，便于显示项目特性的细节，如图4.49所示。图4.49中树茎表示数的大小基本不变或变化不大的位，再将变化大的位上的数作为分枝列在主干后面，这样就可以清楚地看到每个主干后面有几个数，每个数具体是多少。

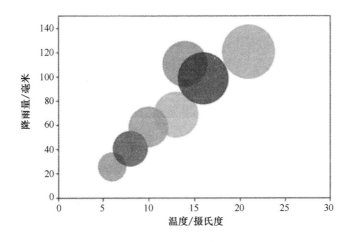

图 4.48 气泡图

图 4.49 茎叶图

（2）箱形图。箱形图又称盒须图，是一种显示一组数据分布和分散情况的统计图。它利用数据中的 6 个统计量，即最大值、第一四分位数、中位数、第三四分位数、最小值及异常值，按从小到大的顺序来描述数据，如图 4.50 所示。图 4.50 展示了数据中位数的分布情况。

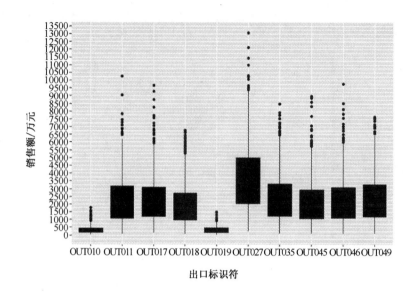

图 4.50　箱形图

4. 时序数据

时序数据是以时间为单位进行信息可视化的展示方法。常见的用于呈现时序数据的统计图表包括线形图、日历视图。

（1）线形图。线形图是用按时序进行的轨迹反映数据特性的图表，这样的图表具有一定的连续性，多用在有固定变化规律的数据统计图表中，如图 4.51 所示。图 4.51 展示了 2013 年第四届乐视盛典电视剧类乐迷对最喜欢男演员的投票情况，可以看出，随着时间的迁移，钟汉良和陈晓的投票数不断增加，任重、陆毅、张国立的投票并没有发生明显变化。

（2）日历视图。与线形图相比，日历视图能帮助我们更好地把握任务和时间的关系，用于未来的时间规划。任务什么时候开始？什么时候结束？需要持续多久？今天有哪些任务需要完成？明天有多少任务需要完成？在日历视图下都一目了然，如图 4.52 所示，我们能看到一年中不同月份的工作安排。

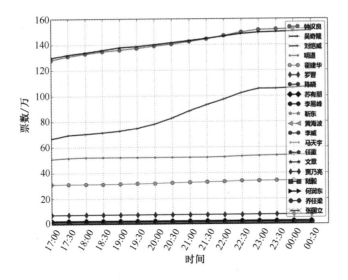

图 4.51　线形图

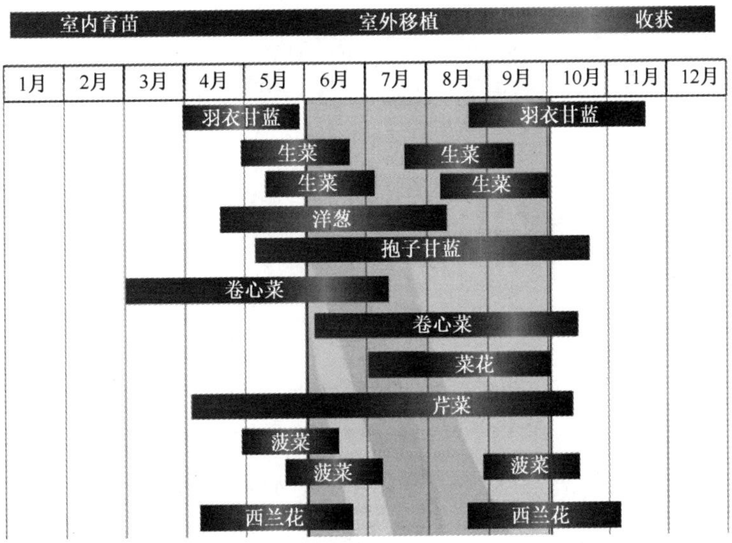

图 4.52　日历视图

5. 多元数据图表

多元数据图表,顾名思义就是由不同的数据类型组成的一张图表,这些数据项目组成了一个整体的比例关系,并在同一张图表上得以体现。常见的用于呈现多元数据的统计图表包括雷达图、复杂网络图、热力地图。

(1)雷达图。雷达图,也称蜘蛛网图,通常用来表示多元数据,它将不同的数据反映在同一个图表上,并且用雷达发展状的方式显示不同的项目,它能够方便地体现出不同数据间的结构关系和发展趋势,如图 4.53 所示。图 4.53 展示了某演员各方面的综合特质,以雷达图的形式展示了他在导演合作关系、传统媒体收视指数、新媒体收视指数、电视剧观众认知度、网络人气 5 个项目上的综合表现。

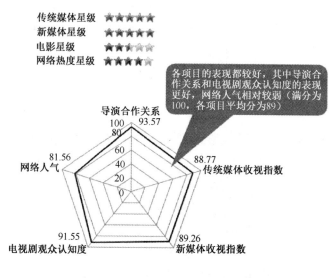

图 4.53 雷达图

(2)复杂网络图。复杂网络图,即呈现高度复杂性的网络,是复杂系统的抽象。具有自组织、自相似、吸引子、小世界、无标度中部分或全部性质的网络称为复杂网络。复杂网络由节点与边构成,复杂网络中的每个节点对应一个实体,边是复杂网络中节点与节点之间的关系,即对应复杂系统中不同实体之间的联系。边可以有权重,表示联系的紧密程度。边也可以有方向,表示不同个体之间的单向或双向连接。如图 4.54 所示,图 4.54 中的一个节点代表西游记中的一个人物,节点之间的边构成人物之间的复杂关系,而这种关系是单向的,如铁扇公主非常爱牛魔王,而牛魔王却最喜爱玉面狐狸。

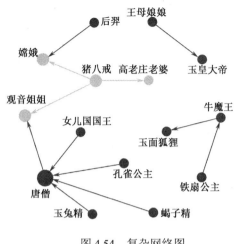

图 4.54 复杂网络图

（3）热力地图。热力地图也是呈现多元数据一种常见的方式，它以特殊的高亮形式显示访客热衷的页面区域和访客所在的地理区域。我们想体现在全国的不同城市中，哪些城市空气质量最差，就可以用色块的颜色深浅来呈现，空气质量最差的城市，显示的色块颜色最深；而其他地区可以用较浅的色块来呈现。

4.2.2 统计图表的正确使用方法

统计图表是将统计分析的事物及其指标用表格列出来，以代替冗长的文字叙述，方便计算、分析和对比。但正如我们之前所介绍的，常见的统计图表包括柱形图、饼状图、环形图、直方图、折线图、散点图、气泡图、茎叶图、箱形图、线形图、日历视图、雷达图、复杂网络图、热力地图等。究竟如何正确选择图表，往往是一个非常艰巨的任务，为此我们给大家梳理一下统计图表的正确使用方法。

在下面的案例中，数据可视化工程师想通过统计图表展现一些工作中常见的数据，但是选择错了图表，带来了视觉上的障碍。图 4.55 要传达的内容是：在整个行业中，公司业绩一直很不错，2000 年以来业绩持续增长，仅 2002 年因某些特殊原因而使业绩有所下降。数据可视化工程师选择用饼状图进行可视化呈现，而饼状图通常表示占比关系，并不能展示出自 2000 年之后的业绩变化趋势。

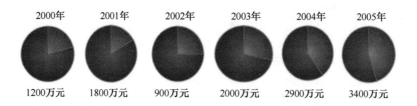

图 4.55 基于饼状图的业绩增长情况

图 4.56 要传达的内容是：与 D 公司的主要竞争对手相比较，D 公司的投资回报率排在首位。数据可视化工程师选择用折线图进行可视化呈现，而折线图通常用来表示趋势变化。图 4.56 能否看出哪家公司排在第一位？不同公司之间的波动又代表了什么？显然，图 4.56 是有问题的。

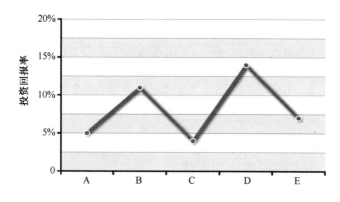

图 4.56 基于折线图的投资回报率对比情况

图 4.57 要传达的内容是：自 2000 年以来，在其他 3 个竞争对手丢掉市场份额的同时，D 公司和一个竞争对手的市场份额却在增长。数据可视化工程师选择用散点图进行可视化呈现，而散点图通常用于表示两个变量之间的关系，如果一个变量随另一个变量的增加而增加，说明它们之间是正相关关系；如果两个变量之间没有明显的变化关系，则说明两个变量不相关。显然,用散点图很难发现 2000 年和 2005 年哪些公司的市场份额增长了，哪些公司的市场份额降低了。

数据可视化工程师使用了错误的统计图表，不能很好地传达数据背后隐含的信息，我们针对上面的几个案例，重新绘制图表。对于第一个案例，由于我们要展示自 2000 年至 2005 年业绩的变化趋势，所以选择用折线图进行可视化呈现，如图 4.58 所示。从图 4.58 中不难发现，尽管公司 2002 年因某些特殊原因业绩下滑，但销售额仍从 2000 年的 120 万元增长至 2005 年的 340 万元。

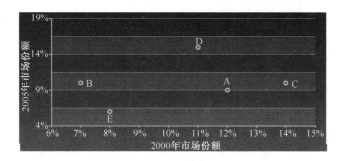

图 4.57　基于散点图的市场份额变化情况

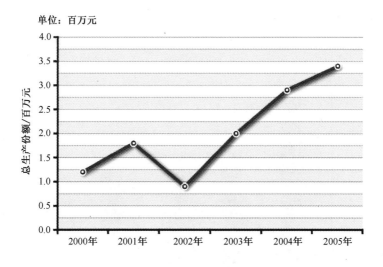

图 4.58　基于折线图的业绩增长情况

对于第二个案例，由于我们要展示与 4 个竞争对手相比的情况，D 公司 2005 年的投资回报率排在首位，所以选择用条形图进行可视化呈现，如图 4.59 所示。从图 4.59 中不难发现，投资回报率最高的依次是 D 公司、B 公司、E 公司、A 公司、C 公司。

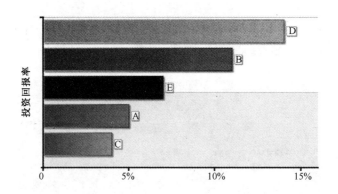

图 4.59　基于条形图的投资回报率对比情况

对于第三个案例,由于我们要展示每个公司在 2000 年与 2005 年市场份额的变化,对于数量的对比,我们选择用柱形图进行可视化呈现,如图 4.60 所示。从图 4.60 中不难发现,2000 年与 2005 年对比,在其他竞争对手丢失部分市场份额的同时,D 公司与 B 公司的市场份额分别获得 4%和 3%的增长。

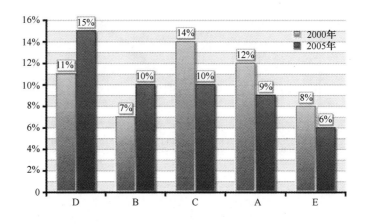

图 4.60　基于柱形图的市场份额变化情况

下面介绍统计图表的正确使用方法,可以分为 3 个步骤,第一步是针对已有数据,想清楚要表达的内容是什么,并根据想表达的内容给目标任务定义标题;第二步是从标题中提炼关键信息,将关键信息与 5 种基本关系相匹配;第三步是根据 5 种基本关系,找到对应的统计图表。

(1)定义标题。这一步是正确选择统计图表的基础,为什么这么说呢?我们来看下面这个例子，图 4.61 展现了 A、B、C 三种产品在 1—5 月的产品销售量及每个月产品销售总量的情况，这时对于同样的数据我们可以展现的内容就有很多。在图 4.61（a）中，要着重体现的是每个月销售总量的变化情况；在图 4.61（b）中，要着重体现的是 5 月 A、B、C 三种产品销售量的对比；在图 4.61（c）中，要着重体现的是 5 月 A、B、C 三种产品销售量占总体的比例是多少。如果要展现的重点不同，就要使用不同的统计图表。因此，首先要搞清楚要呈现的信息究竟是什么。另外，在定义标题的过程中，标题要反映最主要的信息，简单明了而且必须切中关键点。

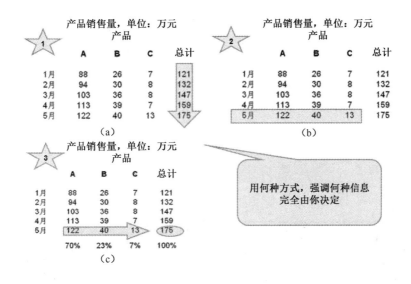

图 4.61 不同产品在不同月份销量情况

（2）提炼关键信息，匹配基本关系。这一步是正确选择统计图表的关键，数据要呈现的信息类型一共有 5 种，分别是成分、项目、时间序列、频率分布、相关性。

成分要表达的信息是各部分占总体的百分比，当标题中含有份额、百分比及预计达到百分比等关键词时，说明数据要呈现的类型是成分。例如，5 月 A 产品预计占公司总销售额的最大份额；2005 年市场份额少于行业的 10%。

项目要表达的信息是不同元素的排序，当标题中含有大于、小于或者大致相当等关键词时，说明数据要呈现的类型是项目。例如，5 月 A 产品的销售额相当于 B 产品和 C 产品的消费额之和；销售额中顾客的回报排名第四。

时间序列要表达的信息是变量随时间的变化情况，当标题中含有变化、增长、提高、下降、减少、下跌和波动等关键词时，说明数据要呈现的类型是时间序列。例如，1 月以来销售额稳定增长；投资回报在过去 5 年急剧下跌；利率在过去的 7 个季度里起伏不定。

频率分布要表达的信息是各数值范围内各包含多少项目，当标题中含有从 X 到 Y、集中、频率、分布等关键词时，说明数据要呈现的类型是频率分布。例如，5 月，大多数地区的销售额在 100 万元到 200 万元之间；公司员工年龄分布与竞争对手的相比有很大不同。

相关性要表达的信息是两个变量之间的关系，当标题中含有与……有关、随……增长、随……下降、随……改变等关键词时，说明数据要呈现的类型是相关性。例如，5 月销售业绩显示销售业绩与销售员的经验没有关系；CEO 的薪资并不随着公司规模的变化而改变。

关键词与 5 种基本关系的匹配情况，如表 4.1 所示。

表 4.1 关键词与 5 种基本关系的匹配情况

类型	具体含义	关键词	举例
成分	各部分占总体的百分比	份额、百分比及预计达到百分比等	5 月 A 产品预计占公司总销售额的最大份额；2005 年市场份额少于行业的 10%
项目	不同元素的排序	大于、小于或者大致相当等	5 月 A 产品的销售额相当于 B 产品和 C 产品的消费额之和；销售额中顾客的回报排名第四
时间序列	变量随时间的变化情况	变化、增长、提高、下降、减少、下跌和波动等	1 月以来销售额稳定增长；投资回报在过去 5 年急剧下跌；利率在过去的 7 个季度里起伏不定
频率分布	各数值范围内各包含多少项目	从 X 到 Y、集中、频率、分布等	5 月，大多数地区的销售额在 100 万元到 200 万元之间；公司员工年龄分布与竞争对手的相比有很大不同
相关性	两个变量之间的关系	与……有关；随……增长，随……下降，随……改变等	5 月销售业绩显示销售业绩与销售员的经验没有关系；CEO 的薪资并不随着公司规模的变化而改变

（3）根据基本关系，正确的使用统计图表。这一步是正确选择统计图表的结果，正如之前介绍的，5 种基本关系包括成分、项目、时间序列、频率分布、相关性，要根据基本关系，正确使用统计图表。例如，成分关系可以使用饼状图表示；项目关系可以使用条形图或柱形图表示；时间序列关系可以使用折线图表示；频率分布关系可以使用柱形图或折线图表示；相关性关系可以使用条形图或散点图表示，如图 4.62 所示。当然，这里只列了一些基本关系和图表对应关系，在使用过程中可以不断补充，这里讲的是正确使用统计图表的方法和思路。在进行数据可视化的过程中，不要一上来就直接选择某个图表，或看哪个图表好看用哪个，要清楚数据可视化图表到底要表达什么含义，根据目标任务选择对应的图表。

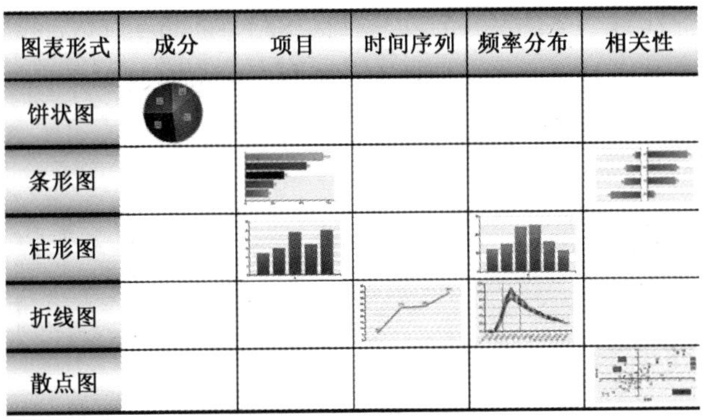

图表形式	成分	项目	时间序列	频率分布	相关性
饼状图	●				
条形图		▬			▬
柱形图			▬	▬	
折线图			▬	▬	
散点图					▬

图 4.62　根据基本关系正确使用统计图表

4.3　图表展现神器——水晶易表

在之前的内容中，我们学习了统计图表的正确使用方法，接下来就可以在 Excel 中根据目标任务和数据特征正确使用统计图表了。但是，在 Excel 中添加的统计图表往往是静态的，展现的也多是一维或两维指标，而数据分析报告为了从不同角度呈现数据，往往要添加很多图表，每个图表下方还要配合大量的文字说明，这不但会使整个报告枯燥无味，更有甚者还添加了大量冗余的内容，使读者很难抓住报告的重点。为了充分展现统计图表，我们可以在可视化过程中添加交互效果，即交互可视化。下面介绍一种交互可视化神器——水晶易表，这种工具内嵌了大量组件，不需要编程就可以实现绚丽的可视化效果，而且最方便的是这种工具可以将做好的可视化作品通过"一键导出"的方式，直接导出为 Word、Excel、PPT、PDF 文件，与常用的办公软件实现无缝对接。

4.3.1 图表的使用之水晶易表基础篇

水晶易表是全球领先的商务智能软件商 SAP Business Objects 的最新产品，通常只需要简单地进行单击和拖拽操作，水晶易表就可以令静态的 Excel 充满生动的数据展示、动态表格、图像和可交互的可视化分析，如图 4.63 所示。

图 4.63　水晶易表工作方式

1. 利用水晶易表制作可视化文件

水晶易表制作可视化文件的步骤包括导入包含要发布的信息的 Excel 文件、构建可视化文件、编译并发布可视化文件。

1）导入 Excel 文件

创建可视化文件的第一步是导入包含用以支持可视化文件的数据的 Excel 文件。在此步骤中，水晶易表将复制 Excel 文件，并导入包括公式、值和单元格格式设置在内的电子表格。导入 Excel 文件后，其副本即嵌入到水晶易表中。可以继续使用原始 Excel 文件，但如果删除或添加了行、列或数据，则需要重新导入 Excel 文件。

2）构建可视化文件

导入 Excel 文件后，可以使用水晶易表构建可视化文件。水晶易表包含从背景到统计图在内的各种部件，可以选择这些部件并将它们链接到嵌入电子表格中的一个或多个单元格。举例来说，如果要创建统计图，可以选择并单击统计图部件，然后从电子表格中选择统计图数据范围。此过程类似于使用 Excel 创建统计图的方式。利用水晶易表，通过单击鼠标可创建动态的可视化文件。可以组合两个或更多部件，并将它们链接到电子表格。例如，可以定义与统计图组合的单击式单选按钮，以便单击每个单选按钮时在统计图上显示不同信息。

3）编译并发布可视化文件

最后一步是预览和导出可视化文件。通过预览，可以测试可视化文件，并查看其导出后的外观和运行状态。水晶易表提供了多种方式来发布可视化文件，包括 Macromedia Flash SWF、HTML、Microsoft PowerPoint 幻灯片、Adobe PDF、Microsoft Outlook、Microsoft Word、BusinessObjects Enterprise。

例如，我们可以在国家统计局官网→可视化作品下，看到用水晶易表实现的各种交互可视化作品，通过 Macromedia Flash SWF 的形式嵌套在网页中，如图 4.64 所示。

图 4.64　国家统计局官网的可视化作品

2. 水晶易表界面

水晶易表的界面包括菜单栏、部件选择器、对象浏览器、操作平台、数据编辑平台、对象属性 5 个模块，如图 4.65 所示。

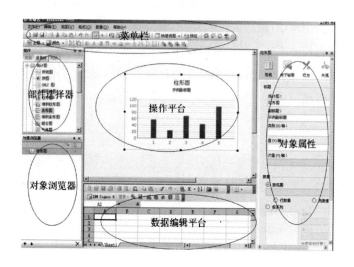

图 4.65　水晶易表操作界面

（1）菜单栏。菜单栏可对文件整体属性和工具全局设置进行操作。

（2）部件选择器。在部件选择器中可以选择以下类型中的各部件：统计图、单值、选择器、地图库、饰图和背景、协作、其他、Web 连通性、文本。窗口提供了两种视图，即类别视图和列表视图，如图 4.66 所示。在类别视图中，各部件依据其功能以树视图的方式划分为多个组；在列表视图中，部件按字母顺序排列。

（3）对象浏览器。在对象浏览器中可以浏览整个表中的部件，可方便地对对象进行锁定、操作隐藏、多部件组合及拆分、修改名称等设置，如图 4.67 所示。

（4）操作平台。操作平台是对报表中使用的部件进行组合和操作的主要平台。

（5）数据编辑平台。在数据编辑平台可对导入的 Excel 数据模型进行操作，操作方法与 Excel 中的编辑方法相同。

（6）对象属性。在对象属性中可对选中的对象的属性进行编辑，包括常规、向下钻取、行为、外观、警报等，对于不同的部件，对象属性的内容也会有所变化。

图 4.66 部件选择器

图 4.67 对象浏览器

接下来，我们通过一个简单案例来学习如何使用水晶易表，数据来源是某电信运营商的用户通话行为数据，包括高端商用客户、中端商用客户、中端日常客户、不常使用客户、常聊客户 5 类客户在不同时间段的通话时长，即国际漫游时长、周末电话时长、下班电话时长、上班电话时长，另外数据的最后两列分别是该类客户人数，以及该类客户人数占比情况，如表 4.2 所示。我们的可视化任务是通过在饼状图和条形图两种图表间建立交互关系，把不同群体和对应指标展现出来。

表 4.2 某电信运营商的客户通话行为数据样本

用户类别	国际漫游时长/分	周末电话时长/分	下班通话时长/分	上班通话时长/分	客户数/人	占比
高端商用客户	530.9894369	64.79714227	392.2971431	2145.24	35	7.03%
中端商用客户	317.7484517	56.31813189	292.2824178	1033.351648	182	36.55%
中端日常客户	246.0990742	51.36746039	230.9690477	667.6190477	126	25.30%
不常使用客户	15.56027108	18.23432	39.37860642	52.69519788	26	5.22%
常聊客户	380.2975289	57.3821705	405.9186048	1416.306977	129	25.90%

在这个可视化任务中，我们要调取水晶易表的饼状图和条形图两种组件，并通过水晶易表的对象属性设置，实现两种组件之间的交互，操作界面如图 4.68 所示。

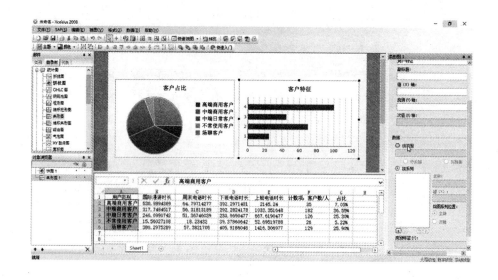

图 4.68　操作界面

首先，将 Excel 中的数据导入数据编辑平台中，这里有两种方法：一是在菜单栏中选择"导入数据"，进行数据导入；二是直接将 Excel 中的数据复制到数据编辑平台中。

其次，在部件选择器中，选择需要的部件。部件选择器中有 15 种统计图，分别是折线图、饼状图、OHLC 图、阴阳烛图、柱形图、堆积柱形图、条形图、堆积条形图、组合图、气泡图、XY 散点图、面积图、堆积面积图、雷达图、填充式雷达图，每种部件具有不同的属性功能，本案例选择饼状图和条形图。

对于饼状图，我们在对象属性中进行如下设置：将标题设置为"客户占比"；将副标题设置为空；数据值选择按范围中的"列"定义数据，将数据值设置成数据的最后一列"占比"；将标签设置为数据的第一列"客户类别"。

对于条形图，我们在对象属性中进行如下设置：将标题设置为"客户特征"；将副标题设置为空；数据的值选择按系列定义数据，数据值可以先空着，后面要与饼状图中的数据进行交互设置；将标签设置为数据的第一行，即国际漫游时长、周末电话时长、下班电话时长、上班电话时长。

接下来，在饼状图和条形图之间设置交互行为，进行如下设置：在饼状图中的对象属性中选择"向下钻取"；单击"启用向下钻取"；在插入类型中选择"行"

进行数据插入；在源数据中选择全部数据；在目标中选择一个空行，这样在单击饼状图中某一区域时，就会把对应的数据插入这个空行中。在条形图中，数据的值选择按系列定义数据，这时把数据值设置为这个空行，这样就实现了两个统计图之间的交互，饼状图中的数据可以插入空行中，而空行中的数据又可以映射到条形图中。其操作结果如图 4.69 所示。

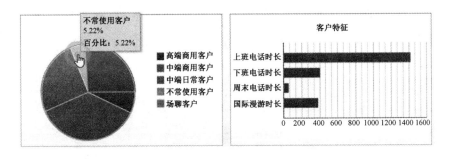

图 4.69　在饼状图和条形图之间设置交互行为

最后，在菜单栏中选择"使画图适应部件"，选择一种主题颜色，全部设置好之后通过一键导出将做好的作品导出为 PPT 文件，如图 4.70 所示。

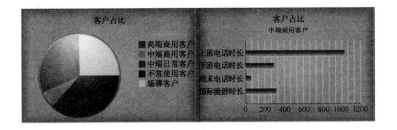

图 4.70　最终实现效果

4.3.2　图表的使用之水晶易表高级篇

部件选择器中的每种部件都具有不同的属性功能，可以根据业务需求设置不同的交互效果。接下来，我们再通过几个案例的学习，感受水晶易表的强大。

1. 案例一

本案例的数据来源是国家统计局网站，其中记录了南京、上海、广州、杭州、成都、北京几个城市在一年中不同月份的计算机产品销量数据，以及一年中计算机产品的总销量情况，如表 4.3 所示。可视化任务是通过在单选按钮、折线图、量表 3 种图表间建立交互关系，把计算机产品月销量和年销量情况展现出来。

表 4.3　某计算机产品销量数据样本　　　　　　　　　　　单位：万元

城市	总计	1月	2月	3月	4月	5月	6月	7月	8月	9月	10月	11月	12月
南京	575	72	80	86	22	50	41	26	18	43	70	48	19
上海	668	29	99	22	65	8	81	89	81	32	66	93	3
广州	365	27	26	33	50	23	33	17	33	44	44	8	28
杭州	498	14	94	39	9	87	52	67	11	57	7	58	2
成都	718	97	79	56	55	90	45	71	14	37	53	87	33
北京	663	59	79	29	81	5	9	87	64	29	71	57	92

在这个可视化任务中，我们要调取单选按钮、折线图、量表 3 种组件，在单选按钮中选择不同城市时，会在折线图中显示该城市过去一年的月销量情况；在量表中以指针方式显示全年总销量情况，并设置报警器，以不同颜色展示总销量情况是否达标。其操作界面如图 4.71 所示。

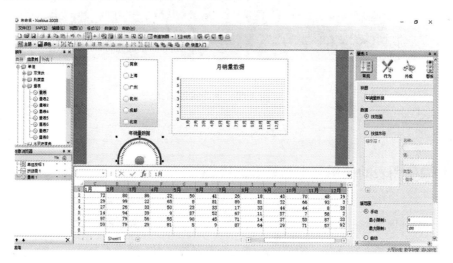

图 4.71　操作界面——水晶易表案例（一）

首先，将 Excel 中的数据导入数据编辑平台中。

其次，在部件选择器中选择需要的部件。本案例选择单选按钮、折线图和量表，可以直接从部件选择框中将相应部件拖拽到操作平台中，在对象浏览器中可以看到已添加的部件。

再次，对每种部件进行设置，包括每种部件的自身属性及不同部件之间的交互功能。

（1）对于单选按钮，在对象属性中进行如下设置：将标题设置为空；将标签设置为城市名称，即标签中选中"南京、上海、广州、杭州、成都、北京"这列数据；将数据插入类型设置为"行"；将源数据中设置为数据编辑台的全部数据；将目标设置为某一空行，用于与其他部件进行交互，当单击单选按钮的某一城市信息时，就会把该城市对应的月销量数据和年销量数据插入这个空行中。

（2）对于折线图，进行如下设置：将标题设置为月销量数据；将副标题设置为空；数据的值选择按系列定义数据；数据值设置为在单选按钮中设置的空行中的月销量数据，这样就可以实现单选按钮和折线图之间的交互效果；将类别标签设置为数据第一行中的 1—12 月。

（3）对于量表，进行如下设置：将标题设置为年销量数据；数据的值选择按范围定义数据，将数据值设置为在单选按钮中设置的空行中的年销量数据，这样可以在单选按钮和量表之间实现交互效果；值的范围选择手动设置，设置为 0～1000，其目的是把所有年销量数据涵盖在设置的范围之内；在量表的警报中，选择启用警报，按值选用警报范围，根据本案例的年销量数据情况，将范围区间依次设置为最小值到 300、300～700、700 到最大。

最后，在菜单栏中选择"使画图适应部件"，选择一种主题颜色，全部设置好之后通过一键导出将做好的作品导出为 PPT 文件，如图 4.72 所示。

2. 案例二

本案例的数据来源是国家统计局网站，其中记录了南京、上海、广州、杭州、成都、北京几个城市在一年中不同月份某化妆品的销量数据，以及一年中某化妆品的总销量情况，如表 4.4 所示。可视化任务是通过在柱形图、股票行情图两张图表间建立交互关系，把某化妆品月销量和年销量情况展现出来。

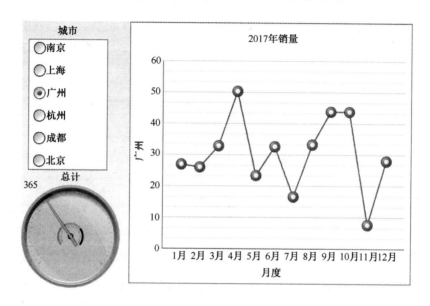

图 4.72　最终实现效果——水晶易表案例（一）

表 4.4　某化妆品销量数据样本　　　　　　　　　　单位：万元

城市	总计	1月	2月	3月	4月	5月	6月	7月	8月	9月	10月	11月	12月
南京	575	72	80	86	22	50	41	26	18	43	70	48	19
上海	668	29	99	22	65	8	81	89	81	32	66	93	3
广州	365	27	26	33	50	23	33	17	33	44	44	8	28
杭州	498	14	94	39	9	87	52	67	11	57	7	58	2
成都	718	97	79	56	55	90	45	71	14	37	53	87	33
北京	663	59	79	29	81	5	9	87	64	29	71	57	92

在这个可视化任务中，我们要调取柱形图、股票行情图两种组件，股票行情图动态显示该产品过去一年在不同城市的总销量情况，并且可以用不同颜色标识销量的大小；单击股票行情图中的某一城市，可在柱形图中显示该城市在过去一年中不同月份的销量情况。其操作界面如图 4.73 所示。

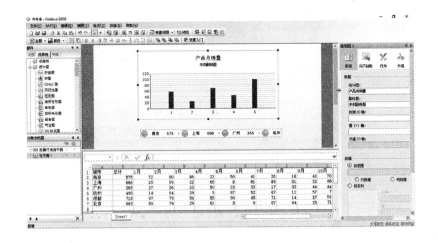

图4.73　操作界面——水晶易表案例（二）

首先，将 Excel 中的数据导入数据编辑平台中。

其次，在部件选择器中选择需要的部件。本案例选择柱形图和股票行情图，可以直接从部件选择框中将相应部件拖拽到操作平台中，在对象浏览器中可以看到已添加的部件。

再次，对每种部件进行设置，包括每种部件的自身属性及不同部件之间的交互功能。

（1）对于股票行情器，进行如下设置：将标题设置为空；将标签设置为城市名称，即标签中选中"南京、上海、广州、杭州、成都、北京"这一列数据；将值标签设置为年销量数据；将数据插入类型设置为"行"；将源数据中设置为数据编辑台的全部数据；将目标设置为某一空行，用于与柱形图进行交互，当单击股票行情器的某一城市信息时，就会把该城市对应的月销量和年销量数据插入这个空行中。在股票行情器的警报中，选择启用警报，按值选用警报的范围，根据本案例的年销量数据情况，将范围区间依次设置为最小值到300、300～700、700到最大。

（2）对于柱形图，进行如下设置：将标题设置为"产品月销量数据情况"；将副标题设置为空；数据的值选择按系列定义数据；将数据值设置为在股票行情器中设置的空行中的月销量数据，这样就可以实现柱形图和股票行情器之间的交互效果；将类别标签设置为数据第一行中的 1—12 月。

最后，在菜单栏中选择"使画图适应部件"，选择一种主题颜色，全部设置好之后通过一键导出将做好的作品导出为 PPT 文件，如图 4.74 所示。

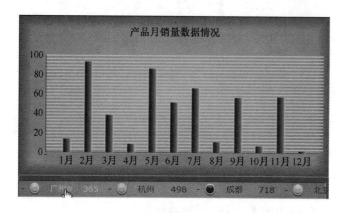

图 4.74　最终实现效果——水晶易表案例（二）

3. 案例三

本案例的数据来源是国家统计局网站，其中记录了某图书在不同省市不同月份的销量情况，其中具体省市包括京津冀的北京、天津、石家庄，广东省的广东、深圳、佛山，苏浙沪的杭州、苏州、上海，东北三省的大连、长春、沈阳，如表 4.5 所示。可视化任务是通过在折叠式菜单、柱形图两张图表间建立交互关系，把某图在不同省市不同城市的月销量情况展现出来。

表 4.5　某图书销量数据样本　　　　　　　　　　单位：万元

地区	1月	2月	3月	4月	5月	6月	7月	8月	9月	10月	11月	12月
京津冀												
北京	72	80	86	22	50	41	26	18	43	70	48	19
天津	29	99	22	65	8	81	89	81	32	66	93	3
石家庄	27	26	33	50	23	33	17	33	44	44	8	28
广东省												
广东	14	94	39	9	87	52	67	11	57	7	58	2
深圳	97	79	56	55	90	45	71	14	37	53	87	33

续表

地区	1月	2月	3月	4月	5月	6月	7月	8月	9月	10月	11月	12月
佛山	59	79	29	81	5	9	87	64	29	71	57	92
苏浙沪												
杭州	9	58	13	49	42	77	12	27	68	29	96	90
苏州	84	11	11	56	10	41	5	79	84	16	45	0
上海	14	31	13	35	82	50	22	16	36	2	85	61
东北三省												
大连	91	48	40	57	41	37	72	56	0	33	39	98
长春	96	55	96	67	17	74	26	75	77	85	86	38
沈阳	39	69	67	32	4	57	13	84	94	17	56	50

在这个可视化任务中，我们要调取折叠式菜单、柱形图两种组件，折叠式菜单可以在不同省市之间进行自由切换，当单击折叠式菜单中的某个城市时，柱形图显示某图书在过去一年不同月份的销售情况。其操作界面如图4.75所示。

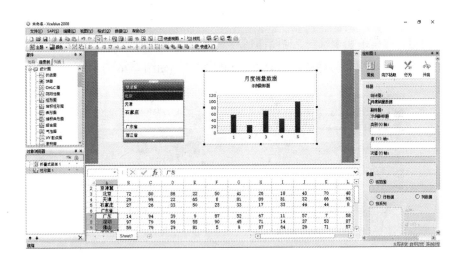

图 4.75　操作界面——水晶易表案例（三）

首先，将 Excel 中的数据导入数据编辑平台中。

其次，在部件选择器中选择需要的部件。本案选择柱形图、折叠式菜单，可以直接从部件选择框中将相应部件拖拽到操作平台中，在对象浏览器中可以看到已添加的部件。

再次，对每种部件进行设置，包括每种部件的自身属性及不同部件之间的交互功能。

（1）对于折叠式菜单，进行如下设置：将标题设置为空；将数据插入类型设置为"行"；将目标设置为某一空行，用于与柱形图进行交互，当单击折叠式菜单的某一城市信息时，就会把该城市对应的月销量数据插入这个空行中；在类别中依次设置京津冀、广东省、苏浙沪、东北三省的名称、标签和源数据，以"京津冀"的类别为例，将名称设置为京津冀，将标签设置为北京、天津、石家庄，将源数据设置为几个不同城市对应的月销量数据。

（2）对于柱形图，进行如下设置：将标题设置为"省市月度销量"；将副标题设置为空；数据的值选择按系列定义数据；将数据值设置为在折叠式菜单中设置的空行中的月销量数据，即可在柱形图和折叠式菜单之间实现交互效果；类别标签设置为数据第一行中的1—12月。

最后，在菜单栏中选择"使画图适应部件"，选择一种主题颜色，全部设置好之后通过一键导出将做好的作品导出为PPT文件，如图4.76所示。

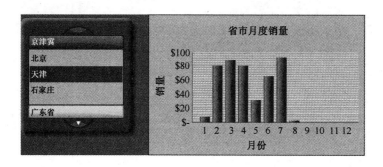

图4.76　最终实现效果——水晶易表案例（三）

第五章
数据可视化工具如何选择

上一章介绍了数据可视化基础与视觉编码，其中包括视觉编码及主要应用场景、视觉感知处理过程与特点及数据可视化的设计原则，这些是做好数据可视化必须掌握的。在此基础上，又进一步讲述了如何选择正确的图表，常见的统计图表有很多，但只有理解和掌握图表的使用规则和方法，才能真正诠释数据背后的商业价值。最后，又介绍了一种数据可视化神器——水晶易表，这种工具不仅可以做出很炫的交互效果，而且极易上手，还可以将做好的可视化作品通过一键导出输出为 Word、PPT、PDF 等多种文件，是数据可视化初学者必备的工具。本章将介绍更多主流可视化工具，这些工具各有利弊，需要针对目标需求有针对性地进行选择。其中，Tableau 软件作为一款名列前茅的全球数据可视化软件，在各个行业中得到了普遍应用，本章通过案例来介绍这款数据可视化神器。

5.1 数据可视化软件如何选择

5.1.1 数据可视化软件

数据可视化越来越重要，而数据可视化工具琳琅满目，在进行数据可视化时往往会遇到一个难题，究竟选择哪一款数据可视化工具，才能做出更好的数据可视化效果呢？我们不能为了使图表美观而使数据失去其本来的意义，下面将介绍一些工作中常用的数据可视化工具，让读者对数据可视化工具有一个全面的理解。

1. Excel

这款大家熟悉的电子表格软件已经被广泛使用了 30 多年，很多数据现在只能以 Excel 的形式获取。在 Excel 中，让某几列高亮显示、做几张图表都很简单，用户也很容易对数据有个大致的了解，然而 Excel 局限在它一次所能处理的数据量上，所以用 Excel 进行全面的数据分析或制作公开发布的图表会有一定难度。Excel 界面如图 5.1 所示，在 Excel 中内置图表工具，利用这些工具可以方便快捷地插入已有的图表。

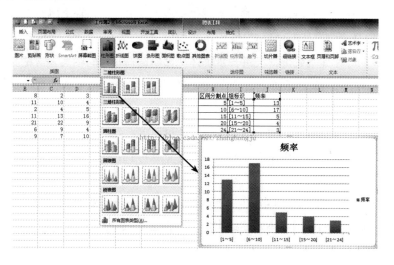

图 5.1　Excel 界面

2. Tableau Software

Tableau Software 致力于帮助人们查看并理解数据，Tableau 帮助用户进行快速分析、可视化，并分享信息，如图 5.2 所示。Tableau Software 的程序很容易上手，各公司可以用它将大量数据拖放到数字"画布"上，瞬间就能创建各种图表。Tableau Software 的理念是，界面上的数据越容易操控，就能越透彻地了解公司对自己在所在业务领域里的所作所为到底是正确的还是错误的。

第五章　数据可视化工具如何选择　205

图 5.2　Tableau Software

3. Gephi

Gephi 是一款基于 JVM 的开源免费跨平台复杂网络分析软件，它主要用于各种网络和复杂系统，是动态和分层图的交互可视化与探测开源工具，可用作探索性数据分析、链接分析、社交网络分析、生物网络分析等。Gephi 界面如图 5.3 所示，窗体中的图形就是一个典型的由节点和连线生成的 Gephi 图形。

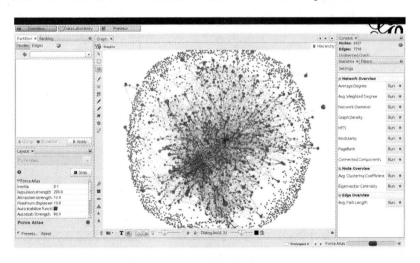

图 5.3　Gephi 界面

4. NodeXL

NodeXL 是一个功能强大且易于使用的交互式网络可视化和分析工具，它以 MS Excel（Excel 2007 或者 Excel 2010）模板的形式，利用 MS Excel 作为数据展示和分析平台。NodeXL 可以定制图像外观、无损缩放、移动图像、动态过滤顶点和边、提供多种布局方式、查找群和相关边、支持多种数据格式输入和输出。

NodeXL 的使用非常简单，它是作为一个 Excel 模板安装的。安装完成后打开 Excel，根据 NodeXLGraph 新建一个 Excel 就可以使用了。在 Vertex 工作表中填入顶点的相关信息，在 Edge 工作表中填入边的相关信息，单击边栏中的 Show Graph，一切就搞定了，界面如图 5.4 所示。其各种基本操作非常直观，自动布局算法的改动、顶点的手动拖动、缩放等在 GUI 中都可以轻松完成，顶点和边的各种属性也可以在 Excel 中更改。其亮点是可以用图片作为图的顶点。

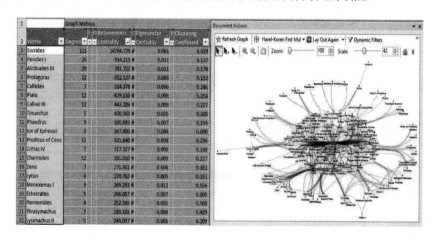

图 5.4　NodeXL 界面

5. 数据信息图

作为一种数据可视化形式，数据信息图可以快速厘清复杂的信息，最好的数据信息图设计者通常会使用最基本的设计原则来展现信息，并使其尽可能通俗易懂。数据信息图的制作就是一个从信息（多为数据）到图像的过程，其主要步骤包括理解信息、构思框架、创意设计。图 5.5 就是数据信息图制作流程。

Adobe Illustrator 是一种应用于出版、多媒体和在线图像的工业标准矢量插画软件，作为一款非常好的数据信息图处理工具，Adobe Illustrator 广泛应用于印刷出版、海报和书籍排版、专业插画、多媒体图像处理和互联网页面制作等，也可以制作精度较高的线稿，适合生产小型设计，也适合生产大型的复杂项目。

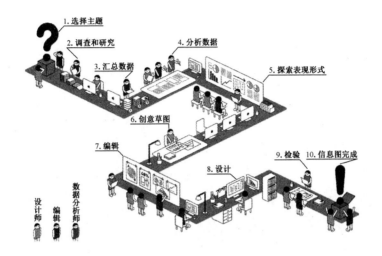

图 5.5　数据信息图制作流程

6. 水晶易表

水晶易表是一款商务智能软件，主要用于设计及产生报表。水晶易表是业内最专业、功能最强的报表系统，强大的报表功能包括使用各种资料来源制作报表、享用功能强大的设计与格式设定功能、结合具有弹性的分析、最快的报表处理能力、灵活的报表传送作业、可扩充的 Web 报表制作、将精巧的报表的制作功能结合到 Windows 及 Web 应用程序、支持应用程序的强大报表制作功能、前所未有的弹性与操控能力、完成应用程序资料的报表，实现的可视化效果如图 5.6 所示。

5.1.2　编程可视化工具

下面介绍几款编程可视化工具。可能有人会问编程工具和可视化有什么关系，已经有了可视化工具为什么还要编程？因为如果会编程，就可以根据自己的需求将数据可视化并获得灵活性。显然，编码的代价是需要花费时间学习一门新的语言，但是一旦克服了学习曲线上的波峰，就可以更快地完成数据可视化了。慢慢地，用户也开始构造自己的库并不断学习新的内容，重复这些工作并将其应用到其他数据集上也会变得更容易。

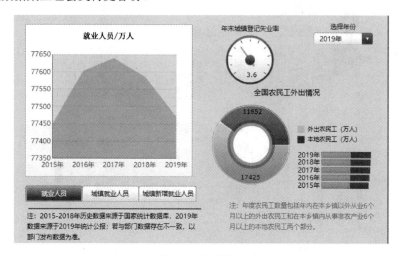

图 5.6　水晶易表

1. R 语言

R 语言是一门用于统计学的计算和绘图语言，R 语言最初的使用者主要是统计分析师，但近年来其用户群扩充了不少。R 语言中的绘图函数仅用短短几行代码便能将图形画好。图 5.7 是 R 语言源代码及其实现的图表，可以看出 R 语言有非常强大的绘图功能。

2. Python

Python 是一款通用的编程语言，它并不是专门用于图形设计的，但还是被广泛地应用于数据处理和 Web 应用。因此，如果读者已经熟悉了这门语言，通过它进行可视化探索就合情合理了。Python 程序编写界面如图 5.8 所示，别看都是密密麻麻的代码，它可是编程语言中比较简单的了，学会了它就可以在数据可视化中游刃有余了。

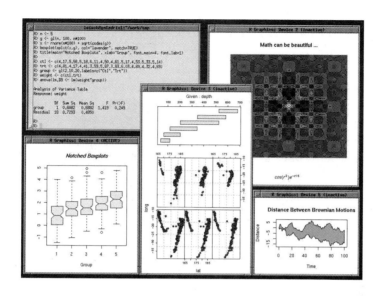

图 5.7　R 语言源代码及其实现的图表

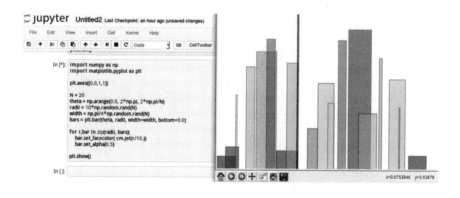

图 5.8　Python 程序编写界面

3. PHP

PHP（Hypertext Preprocessor，PHP，即超文本预处理器）是一种通用开源脚本语言。其语法吸收了 C 语言、Java 和 Perl 的特点，有利于学习，使用广泛，主要适用于 Web 开发领域。它可以比 CGI 或 Perl 更快速地执行动态网页，与用其他编程语言做的动态页面相比，PHP 是将程序嵌入 HTML（标准通用标记语言下的一个应用）文档中执行，执行效率比完全生成 HTML 标记的 CGI 要高许多，如图 5.9 所示。PHP 还可以执行编译后的代码，编译可以加密和优化代码，使代码运行更快。

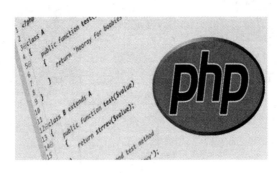

图 5.9　PHP

4. D3

D3 是 Data-Driven Documents（数据驱动文档）的简称，即使用 Web 标准进行数据可视化的 JavaScript 库。D3 可使用 SVG、Canvas 和 HTML 技术让数据生动有趣。D3 将强大的可视化、动态交互和数据驱动的 DOM 操作方法完美结合，以充分发挥现代浏览器的功能，自由地设计正确的可视化界面。目前，D3 是流行的可视化库之一，它被用于很多表格插件中，利用它的流体过渡和交互，可以用相似的数据创建惊人的 SVG 柱形图。

5. Echarts

ECharts 是百度公司开发的 JavaScript 图表库，其兼容性好、使用简单，提供了大量直观、生动、可交互的数据可视化图表，其底层基于 ZRender 创建了坐标系、图例、提示、工具箱等基础组件，并在此基础上构建出折线图、柱形图、散点图、K 线图、饼状图、地图、力导向布局图等，同时支持任意维度的堆积和多图表混合展现。

Echarts 作为商业图表库，包含的图形种类十分丰富，可视化效果也不错。与 D3 不同的是，Echarts 的使用相对简单，其可视化图表也相对简单。在使用 Echarts 的过程中，不能自己定义交互操作，只能套用其现有的交互式操作。绘制图形时，输入数据后，它便会自动生成图形和可视化效果。其自带的效果基本可以满足一些可视化与交互的需求，但若对交互和动画有更高层次的需求，还是 D3 更适用。

5.2 数据可视化神器——Tableau

Tableau 是一款快速开发和实现的可视化商业智能软件，主要面向企业数据提供可视化服务，企业运用 Tableau 授权的数据可视化软件对数据进行处理和展示。Tableau 的产品并不受限于企业，其他任何机构或者个人都能运用 Tableau 软件进行数据分析。数据可视化是数据分析的完美结果，可让枯燥的数据以简单友好的图表形式展现出来。同时，Tableau 还为客户提供解决方案服务。下面将通过几个经典案例详细介绍 Tableau 这款数据可视化神器。

5.2.1 数据可视化软件之 Tableau 基础篇

1. Tableau 的产品线

Tableau 的产品线主要包括 Tableau 桌面（Desktop）软件、Tableau 服务器（Server）软件和 Tableau 开放版（Public）软件，如图 5.10 所示。

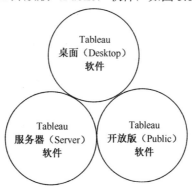

图 5.10　Tableau 产品线

1）Tableau 桌面（Desktop）软件

Tableau 桌面（Desktop）是一款计算机桌面操作系统上的数据可视化分析软件，具有以下特点。

首先，Tableau Desktop 的最大特点是简单易用，Tableau Desktop 的操作界面简洁美观，如图 5.11 所示。使用者不需要精通复杂的编程和统计原理，只需要把数据直接拖放到工具簿中，通过一些简单的设置就可以得到自己想要的数据可视化图形，即使不具备专业背景的人也可以创造出美观的交互式图表，从而完成具有价值的数据分析。它的学习成本很低，这对于日渐追求高效率和成本控制的企业来说无疑是具有巨大的吸引力。它特别适合日常工作中需要绘制大量报表、经常进行数据分析或需要制作精良的图表，以在重要场合演讲的人。简单、易用并没有妨碍它的性能，它不仅能完成基本的统计预测和趋势预测，还能实现数据源的动态更新。

其次，Tableau Desktop 极其高效，其数据引擎的速度极快，处理上亿行数据只需几秒的时间就可以得到结果。

最后，Tableau Desktop 具有完美的数据整合能力，可以将两个数据源整合在同一层中，甚至还可以将一个数据源筛选为另一个数据源，并在数据源中突出显示。Tableau Desktop 体系结构，如图 5.12 所示。

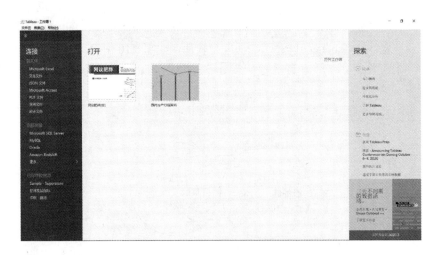

图 5.11　Tableau Desktop 操作界面

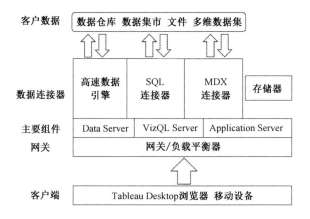

图 5.12　Tableau Desktop 体系结构

Tableau Desktop 还有一项独具特色的数据可视化技术,就是它嵌入了地图,用户可以用经过自动地理编码的地图呈现数据,这对企业进行产品市场定位、制订营销策略等具有很大帮助。Tableau Desktop 应用模式,如图 5.13 所示。

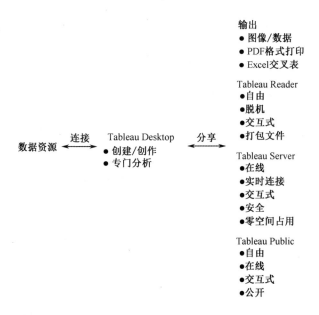

图 5.13　Tableau Desktop 应用模式

2）Tableau 服务器（Server）软件

Tableau 服务器（Server）是完全面向企业的商业智能应用平台，基于企业服务器和 Web 网页，用户可以使用浏览器进行分析和操作，还可以将数据发布到 Tableau Server 与同事进行协作，实现了可视化的数据交互，它根据企业的用户数或企业服务器 CPU 的数量来确定收费标准。

Tableau Server 还是一款可移动的商业智能应用程序，用平板电脑也可以进行浏览和操作。其工作原理是，由企业的服务器安装 Tableau Server，并由管理员进行管理，将需要访问 Tableau Server 的任何人（无论是要进行发布、浏览，还是进行管理）都添加为用户。而且，还必须为用户分配许可级别，不同的许可级别具有不同的权限。Tableau Server 用户权限管理如图 5.14 所示。

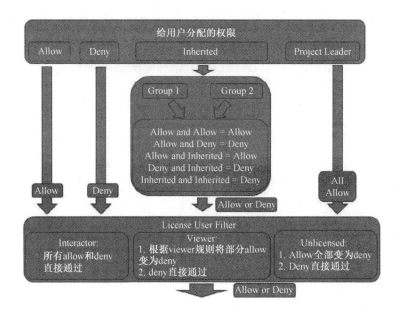

图 5.14　Tableau Server 用户权限管理

被许可的用户可以将自己在 Tableau Server 中完成的数据可视化内容、报告和工作簿发布到 Tableau Server 中，与同事共享数据并进行交互，通过共享的数据源以极快的速度进行工作。这种共享方式有更好的数据安全性，用户通过 Tableau Server 安全地共享临时报告，不需要再通过电子邮件发送带有敏感数据的电子表格。

3）Tableau 开放版（Public）软件

相对于前两种产品，Tableau Public 是完全免费的，不过用户只能将自己用 Tableau Public 制作的可视化作品发布到网络（Tableau Public 社区）上，而不能将其保存到本地，已发布的作品每个 Tableau Public 用户都可以查看和分享。Tableau Public 可以连接多种数据源，包括 Excel、Access 和多种文本文件格式。但是 Tableau Public 对单个文件数据的行数限制为 10 万行，对数据的存储空间限定在 50Mb 以内，所以 Tableau Public 更像 Tableau Desktop 的精简版或公共网络版，如图 5.15 所示。

图 5.15　Tableau 开放版（Public）软件

2. Tableau 的主要受众

Tableau 的主要受众是非技术人员，他们可以轻松地对已有数据进行可视化、可交互的即时展示和分析。可视化是 Tableau 的核心技术，主要包括以下两个方面。

（1）VizQL 可视化查询语言和混数据架构。它是一个集复杂的计算机图形学、人机交互和高性能的数据库系统于一体的跨越领域的技术。Tableau 的初创合伙人是来自斯坦福的数据科学家，他们为了实现卓越的可视化数据获取与后期处理功能，并不是像普通数据分析类软件简单地调用和整合主流的关系型数据库，而是革命性地进行了大尺度创新。

(2)在用户体验上,对易用性进行完美呈现。Tableau 提供了一个非常新颖且易用的使用界面,在处理规模巨大、多维的数据时,也可以即时地从不同角度和设置查看数据呈现出的规律。Tableau 通过数据可视化技术,使数据挖掘变得平民化;而其自动生成和展现的图表,与互联网美工编辑相比也毫不逊色。正是这个特点奠定了广泛的用户基础和高续订率。

3. Tableau 软件的使用

下面以 Tableau Desktop 为基础,介绍 Tableau 界面和基本功能、数据连接方法、Tableau 可视化过程和步骤,在之后的内容中,将通过案例进一步介绍 Tableau 在不同行业的应用和实践。

1)了解 Tableau 工作区

Tableau 界面和工作区如图 5.16 所示,图中添加了对各个功能区的简要注释,下面将详细介绍每个功能区。

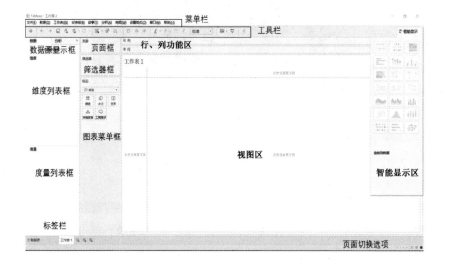

图 5.16 Tableau 界面和工作区

(1)菜单栏:菜单栏中主要有【文件】、【数据】、【工作表】、【仪表板】、【故事】、【分析】、【地图】、【设置格式】、【服务器】、【窗口】、【帮助】菜单。

【文件】菜单的主要作用是新建工作簿、保存文件、导出文件等，单击【文件】菜单，弹出的菜单选项如图 5.17 所示。

【数据】菜单的主要作用是连接和管理数据源，单击【数据】菜单，弹出的菜单选项如图 5.18 所示。其中，【粘贴】是用来粘贴复制的数据，如复制了网页中的某些数据，就可以通过【粘贴】把数据复制到 Tableau 中；【刷新所有数据提取】是更新所有的提取数据；【编辑关系】是编辑数据源之间的关系，当连接两个数据源时，Tableau 会自动识别两个数据源之间的相同字段，若两个数据源中的某两个字段只是名称不同而性质相同，则可以通过该选项进行人工匹配。

图 5.17　【文件】菜单　　　　　　图 5.18　【数据】菜单

【工作表】菜单的主要作用是对当前工作表进行相关操作，单击【工作表】菜单，弹出的菜单选项如图 5.19 所示。其中，【复制】是复制当前工作表中的视图；【导出】是导出当前工作表中的视图；【清除】可以清除相关显示或操作；【操作】可以设置一种关联，单击该选项弹出对话框，如图 5.20 所示。然后可以设置各种"操作"；【工作提示】是指当光标停留在视图上的某点时就会显示该点代表的信息；单击【显示摘要】可以显示视图中所用字段的汇总数据，包括总和、平均值、中位数、众数等；【显示卡】可显示或隐藏图中各个功能区和标记卡。

 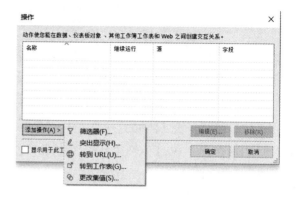

图 5.19 【工作表】菜单　　　　图 5.20 【工作表】菜单——【操作】对话框

【仪表板】菜单主要是对仪表板内的相关工作表进行相关操作,单击【仪表板】菜单,弹出的菜单选项如图 5.21 所示。其中,【新建仪表板】操作也可以在工作表底部右击标签栏找到;【设置格式】是对仪表板进行相关格式设置;【操作】是设置一种联动,控制仪表板内各个工作表之间的联系。

【故事】是包含一系列工作表或仪表板的工作表,其共同作用是传达信息。通过这个菜单可以创建故事以揭示各种事实之间的关系,或者只是创建一个极具吸引力的案例。单击【故事】菜单,弹出的菜单选项如图 5.22 所示。

图 5.21 【仪表板】菜单　　　　图 5.22 【故事】菜单

【分析】菜单主要是对视图中所用的数据结构进行相关操作,单击【分析】菜单,弹出的菜单选项如图 5.23 所示。其中,【聚合度量】在一般情况下默认是勾选的,若想单独看某个字段的值,则可以取消勾选该选项;单击【堆叠标记】右侧的按钮，出现 3 个选项，默认为【自动-开】选项，有时可能不需要堆叠图标，则可选择【关】选项；【百分比】可以指定某个字段计算百分数的范围；【合计】是汇总数据，包括分行合计、列合计和小计，在做数据交叉表时，可能用到这一选项；【趋势线】选项，如需要为视图添加一条趋势线，可用该选项；【筛选器】可以设定显示哪些筛选器；【图例】可以用来设定显示哪个图例；【编辑计算字段】用来编辑公式以创建新的字段，单击后弹窗如图 5.24 所示，可以创建新字段。

图 5.23 【分析】菜单　　图 5.24 【分析】菜单——【编辑计算字段】对话框

【地图】菜单主要是用来对地图进行相关操作和设置，单击【地图】菜单，弹出的菜单选项如图 5.25 所示。其中，【背景地图】的作用是为某个数据表导入一张背景图，可以选择【无】、【脱机】、【地图服务】；【地理编码】用来导入自制的地理编码；【编辑位置】是对视图中地图上的位置进行编辑，如果某个地理位置在地图中未显示出来或者显示有误，则可以单击该选项进行编辑，如图 5.26 所示。

图 5.25 【地图】菜单　　图 5.26 【地图】菜单——【编辑位置】对话框

【设置格式】菜单的主要作用是对工作表的格式进行相关设置，单击【设置格式】菜单，弹出的菜单选项如图 5.27 所示。

【窗口】菜单的主要作用是对整个窗口视图进行设置，单击【窗口】菜单，弹出的菜单选项如图 5.28 所示。其中，【演示模式】选项，选此选项后整个窗口界面只剩视图、相关图例或筛选器；【书签】选项，单击该选项可以将当前工作表保存为书签。

【帮助】在这里不做过多说明，单击【帮助】菜单，弹出的菜单选项如图 5.29 所示。

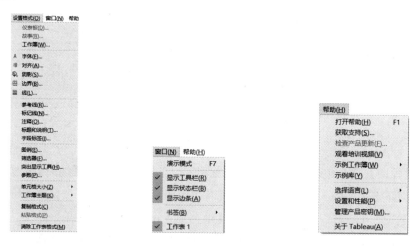

图 5.27 【设置格式】　　　图 5.28 【窗口】菜单　　　图 5.29 【帮助】菜单

（2）工具栏：在工具栏中有各种图标，其作用相当于快捷键，单击即可实现相关功能，其主要的功能如表 5.1 所示。

表 5.1 【工具栏】的主要功能

图标	功能
← →	后退/前进，撤消某一动作或向前一步动作
↻	转置，将当前视图的横坐标轴与纵坐标轴对调
↓↑	升序/降序
T	标签按钮，为视图中的点添加标签值
标准 ▾	视图区的视图模式菜单，单击下拉按钮，有 4 个选项，分别是"标准""适合宽度""适合高度""整个视图"。选择某个视图模式，视图区的大小就会对应改变
⇩	轴刻度固定按钮当需要固定横/纵坐标轴的宽度时，单击该图标

（3）数据源显示框：这里会显示所有已连接的数据源，要使用某个数据源时，只要单击该数据源，维度列表框、度量列表框中就会显示该数据源的相关字段。单击数据窗口中的某数据源，弹出的【数据】菜单选项如图 5.30 所示。

（4）分析面板：通过分析面板能够方便、快速地访问 Tableau 中常用的分析功能。用户可以从 Fenix 面板向视图中拖拽参考线、预测、趋势线和其他对象，对数据进行探索和洞察，【分析】选项菜单如图 5.31 所示。

图 5.30 【数据面板】菜单

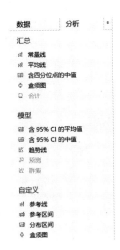
图 5.31 【分析面板】菜单

（5）智能显示区：智能显示区中含有 24 种不同的图形，如图 5.32 所示。当选中某些字段时，Tableau 会自动推荐一种最合适的图形来展示数据，这一点也是 Tableau 的特色功能。当需要将某种图形变为另一种图形时，只需要在这里单击某种图形即可。智能显示功能大大加快了作图速度。

（6）行、列功能区：它是用来存放某个字段的，当需要用某个字段来制图时，可将该字段直接拖放到此区域，或者将字段拖放到对应的行或列上。

（7）页面框：它的作用相当于分页功能，在将某个字段拖放至此时，会出现一个播放菜单，可以动态播放该字段，数据会随时间或者其他维度发生动态变化，形象地说，就像将数据一页一页翻过去一样。

（8）筛选器框：将某个字段拖放至此时，可将该字段作为筛选器来使用，并对筛选器做相关设置。

（9）图表菜单框：该标记卡中的选项会经常被用到，单击标记卡下方的下拉按钮，可以选择各种图形，如图 5.33 所示。"文本"框、"颜色"框、"大小"框的作用分别是：在将某个字段拖放至某个框时，会相应地将该字段在视图中用标签、颜色和尺寸来表示；"详细信息"框的作用是：当某个字段不用放在行或列上时，就可将其拖放至此，在图中以标签方式显示该字段信息。

（10）维度列表框/度量列表框：Tableau 自动识别数据表中的字段后进行分类，在通常情况下，分类数据会放到维度列表框中，定量数据会放到度量列表框中。当然，也可以在导入数据后，根据业务需求，对数据的维度和度量属性进行切换调整。

（11）标签栏：在这里可以对每个动作表或仪表板进行命名，如图 5.34 所示。

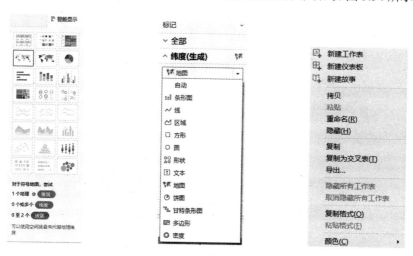

图 5.32 【智能显示区】菜单　　图 5.33 【图表菜单框】菜单　　图 5.34 【工作表标签】菜单

2）Tableau 导入数据源

Tableau 可以方便、迅速地连接各类数据源，从一般的 Excel、Access 和 Text File 等数据文件，到存储服务器上的 Oracle、MySql、IBM DB2、Cloudera Hadoop Hive 等数据库文件。下面，依次简要介绍如何连接一般的文件数据和存储在服务器上的数据库。

(1) 数据文件连接。

步骤一：打开 Tableau Desktop 后，界面左侧会出现数据连接界面，如图 5.35 所示，选择要连接的数据源类型。

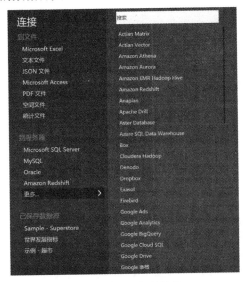

图 5.35　数据文件连接

以"Excel 数据源"为例，单击出现打开数据源对话框，找到想连接数据源的位置，连接数据源后出现如图 5.36 所示的界面。

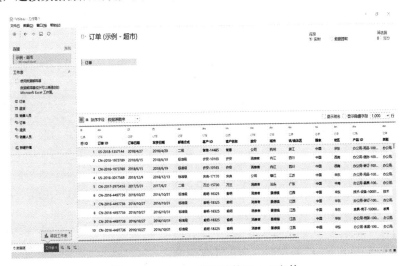

图 5.36　Tableau 数据连接 Excel 文件

步骤二：将图 5.36 中矩形框中的"订单"工作表拖拽到中上侧空白部位。在图中我们可以看到右上圈内【连接】自动选择了【实时】。【实时】即直接连接到数据，性能由数据源的速度决定；【提取】即将数据源导入 Tableau 的快速数据引擎，单击工作表选项卡时，将会创建数据提取。一般在工作量不是特别大的情况下，选择"实时连接"即可。若数据量很大，可以选择将所有数据或者要分析的部分字段导入 Tableau 数据引擎中，这样可以极大地加快数据的处理速度。

步骤三：单击【工作表 1】，出现如图 5.37 所示的界面，这样即将 Tableau 连接到数据源了，接下来就可以做数据分析了。图 5.37 中左侧出现维度列表框和度量列表框。"维度"一般是定性的数据，通常作为行列的字头；"度量"一般是定量的数据，通常指绘制或者给"标记"的大小赋值。在第一次导入数据时，Tableau 会决定将字段归为"维度"或"度量"。这个决定将所有涉及文本和数值的字段分到 Tableau 所属的字段类型中。有时，某个字段不是"度量"，但它的变量值是定量的数据，则也会出现在"度量"中，这时需要人为地将该字段拖拽到"维度"列表框中。

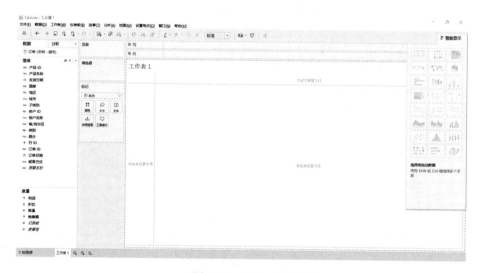

图 5.37　Tableau 工作表

（2）数据库连接。

选用 Tableau 连接数据库，步骤非常简单。首先，选择所要连接的数据库的类型，这里选择 MySQL，输入服务器名称和端口，然后输入登录服务器的用户名和密码,单击"登录"进行连接测试,如图 5.38 所示。在建立连接后,选择服务器上的一个数据库,选择数据库中的一个或多个数据表,使用 SQL 语言查询特定的数据表。经过以上操作,就完成了数据库连接。

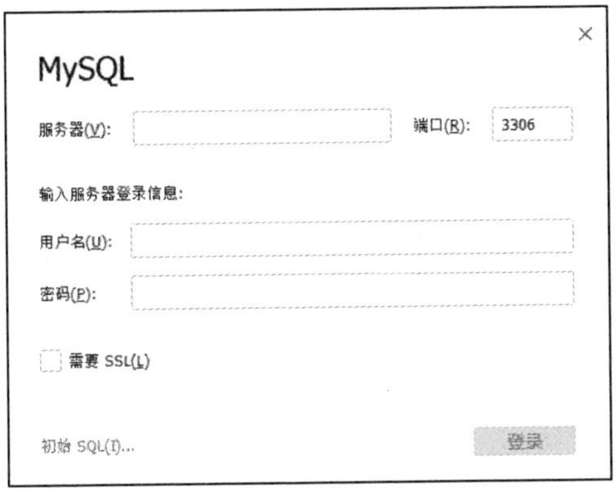

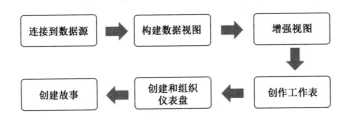

图 5.38 Tableau 数据连接 SQL 数据库

3)Tableau 可视化过程

Tableau 可视化过程,包括连接到数据源、构建数据视图、增强视图、创建工作表、创建和组织仪表盘、创建故事 6 个步骤,如图 5.39 所示。

图 5.39 Tableau 可视化过程

(1)连接到数据源:Tableau 可以连接到所有常用的数据源。它具有内置的连接器,在提供连接参数后负责建立连接。无论是简单文本文件、关系源、无 Sql 源还是云数据库,Tableau 几乎都能连接到。

(2)构建数据视图:连接到数据源后,可以获得 Tableau 环境中可用的所有列和数据,然后将它们分为维度和度量,并创建任何所需的层次结构。使用这些构建的视图在传统上称为报告。Tableau 提供了轻松的拖放功能来构建视图。

(3)增强视图:之前创建的视图需要进一步增强,设置过滤器、聚合、轴标签、颜色和边框的格式等。

(4)创建工作表:创建不同的工作表,以便针对相同的数据或不同的数据创建不同的视图。

(5)创建和组织仪表盘:仪表盘包含多个连接它的工作表。因此,任何工作表中的操作都可以相应地更改仪表盘中的结果。

(6)创建故事:故事是一个工作表,它包含一系列工作表或仪表盘,它们一起工作以传达信息。用户可以创建故事以显示事实如何连接,或提供上下文,或演示决策如何与结果相关,或只是做出有说服力的案例。

5.2.2 数据可视化软件之 Tableau 高级篇

之前的内容介绍了 Tableau 的图形化界面与基本使用方法,接下来将通过一些典型案例进一步介绍 Tableau 的实操。

1. Tableau 筛选器实战——"国内生产总值"数据可视化展示

本案例的数据来源是国家统计局网站,其中记录了 2012—2016 年国内生产总值,第一产业、第二产业、第三产业增加值和增长率的相关情况,如表 5.2 所示。可视化任务是通过 Tableau 软件筛选功能,实现在选择国内生产总值,第一产业、第二产业、第三产业增加值和增长率的类型时,将对应的国内生产总值与增加值和增长率进行可视化呈现。

表 5.2　2012—2016 年国内不同产业生产总值和增长率

年份	类型	生产总值/万亿元	增长率类型	增长率
2012	国内生产总值	53.9	国内生产总值增长率	7.90%
2012	第一产业增加值	4.9	第一产业增加值增长率	4.50%
2012	第二产业增加值	24.5	第二产业增加值增长率	8.40%
2012	第三产业增加值	24.5	第三产业增加值增长率	8.00%

续表

年份	类型	生产总值/万亿元	增长率类型	增长率
2013	国内生产总值	59.3	国内生产总值增长率	7.80%
2013	第一产业增加值	5.3	第一产业增加值增长率	3.80%
2013	第二产业增加值	26.2	第二产业增加值增长率	8.00%
2013	第三产业增加值	27.8	第三产业增加值增长率	8.30%
2014	国内生产总值	64.4	国内生产总值增长率	7.40%
2014	第一产业增加值	5.6	第一产业增加值增长率	4.10%
2014	第二产业增加值	27.7	第二产业增加值增长率	7.20%
2014	第三产业增加值	31.1	第三产业增加值增长率	8.30%
2015	国内生产总值	68.9	国内生产总值增长率	7.00%
2015	第一产业增加值	5.8	第一产业增加值增长率	3.90%
2015	第二产业增加值	28.1	第二产业增加值增长率	5.90%
2015	第三产业增加值	35.0	第三产业增加值增长率	8.80%
2016	国内生产总值	74.6	国内生产总值增长率	6.80%
2016	第一产业增加值	6.0	第一产业增加值增长率	3.30%
2016	第二产业增加值	29.5	第二产业增加值增长率	6.00%
2016	第三产业增加值	39.1	第三产业增加值增长率	8.10%

这个可视化任务借助筛选器实现交互功能，在选择不同类型时，可以把对应信息展示出来，具体操作如下：

（1）将数据导入 Tableau 软件中，配置数据属性。其中，将表格第 1 列数据（年份）、第 2 列数据（类型）、第 4 列数据（增长率类型）作为维度，将第 3 列数据（生产总值）、第 5 列数据（增长率）作为度量，如图 5.40 所示。

（2）选择可视化图形，在维度列表框中选择"年份"，在度量列表框中同时选择"生产总值"和"增长率"，在智能显示框中选择双组合，如图 5.41 所示。

（3）将类型拖拽到筛选器中，同时勾选"快速筛选器"，就可以在可视化过程中根据业务需求，交互地展示出不同生产总值的情况，如图 5.42 所示。注意：在 Tableau 中，快速筛选器提供了很多种不同的展示方式，可以用单值（列表）、单值（下拉列表）、单值（滑块）、多值（列表）、多值（下拉列表）、多值（自定义列表）等方式显示。

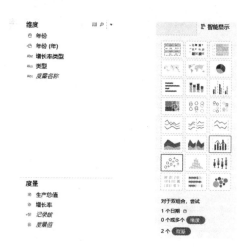 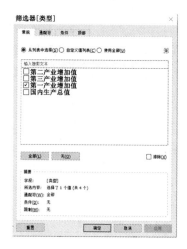

图 5.40 配置数据   图 5.41 配置智能图表   图 5.42 配置筛选器

Tableau 设置好上述功能之后进行可视化预览,如图 5.43 所示。

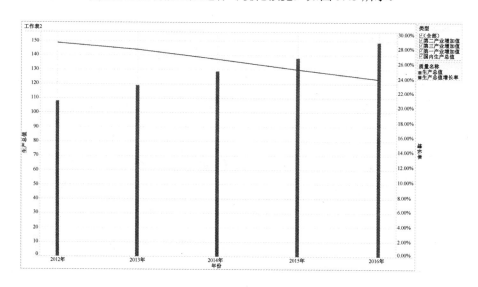

图 5.43 Tableau 案例一可视化预览

通过简单的几个操作步骤,图表已经具备了交互功能,通过在快速筛选器中选择不同的类型,可以在工作表中看到对应的生产总值(柱形图)和增长率(折线图)的情况。但是,现在的图形效果过于简单,远远没有达到数据可视化的要求,我们可以在仪表盘对显示格式进行一些设置。在仪表盘中,隐藏工作表标题、取消"度量名称"框、以浮动方式显示工作表和快速筛选器、添加图形背景。通过这些设置,最终可视化效果如图 5.44 所示。

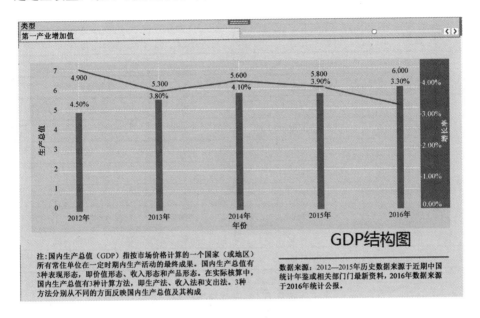

图 5.44　Tableau 案例最终实现效果

2. Tableau 表关联&页面框&筛选器实战——"网议肥胖"数据可视化展示

本案例需要两部分数据,即"肥胖"热议话题数据和 BMI 指标数据。其中,第一部分数据来源是微博,数据样例如表 5.3 所示,表 5.3 中记录了 2020 年 1—7 月微博上热议的肥胖话题,包括热议主题、热议词云、热议词频、热议日期。第二部分数据是根据公式计算的 BMI 指数,数据样例如表 5.4 所示,表 5.4 中记录了身高(height)、体重(weight)、BMI 3 个数据。在表 5.3 和表 5.4 中,包含一个相同的字段,即热议主题,因为在 Tableau 导入数据时要建立这两个表格之间的关联关系,所以这两个表格中要有一个相同的字段。

表 5.3 "肥胖"热议话题数据样例

热议主题	热议词云	热议词频	热议日期
肥胖	过敏	67	2020-1-1
肥胖	便秘	56	2020-1-2
肥胖	卫生	84	2020-1-3
肥胖	咖啡	67	2020-1-4
肥胖	重视	63	2020-1-5
肥胖	化学变化	67	2020-1-6
肥胖	皮下脂肪	63	2020-1-7
肥胖	综合征	73	2020-1-8
肥胖	生病	67	2020-1-9
肥胖	易患胃炎	59	2020-1-10
肥胖	高.脂.饮食	59	2020-1-11
肥胖	肿瘤	67	2020-1-12
肥胖	早餐	57	2020-1-13

表 5.4 BMI 指数样例

热议主题	height	weight	BMI
肥胖	1.3	45	26.62722
肥胖	1.5	64	28.44444
肥胖	1.69	117	40.96495
肥胖	1.71	122	41.72224
肥胖	1.73	81	27.06405
肥胖	1.81	147	44.87043
肥胖	1.83	80	23.88844
肥胖	1.96	104	27.07205
肥胖	1.96	104	27.07205

可视化任务有两个，一是实现文本可视化（词云图），在时间轴动态变化过程中，将每周有关于肥胖的热议内容动态展示出来，字体的大小和颜色表征词频的权重；二是通过筛选器功能实现 BMI 指数的动态计算功能，即输入不同的身高（height）和体重（weight），可以动态展示对应的 BMI 指数。针对上述可视化任

务，需要建立两个工作表，在工作表一中借助页面框实现时间轴的动态变化；在工作表二中借助筛选器实现 BMI 指数的动态计算功能，具体操作如下：

（1）将数据导入 Tableau 软件中，将 Excel 中的词频工作表与 BMI 工作表两部分数据进行关联，由于两个表格中均有"热议主题"这个字段，所以会用"热议主题"字段作为关键词，在两个表格中自动建立关联关系，如图 5.45 所示。

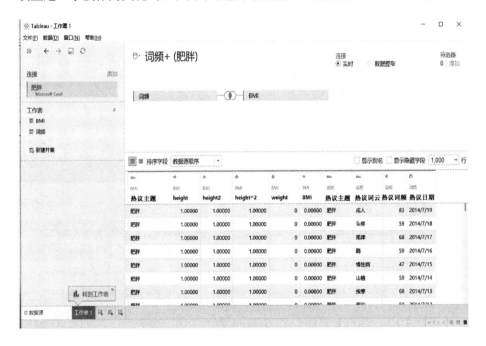

图 5.45　Tableau 案例数据关联

（2）配置数据属性。其中，热议主题、热议日期、热议词云、height、weight 作为维度，热议词频、BMI 作为度量，如图 5.46 所示。不难发现，之前的词频工作表与 BMI 工作表两部分数据已经作为一个统一的大表，单击数据源可以查看到这个大表中的数据信息，如图 5.47 所示。

（3）建立工作表，实现文本可视化（词云图）。在维度列表框中选择"热议词云"，在度量列表框中选择"热议词频"，在智能显示框中选择"填充气泡图"，在图表菜单框中的标记选择"文本"，这样基本的词云图就展示出来了，如图 5.48 所示。

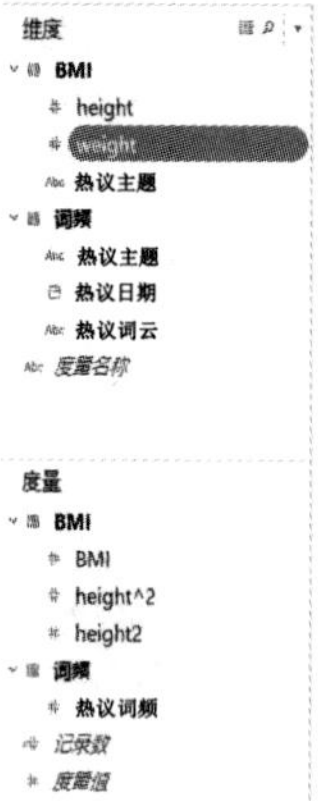

图 5.46 配置数据属性

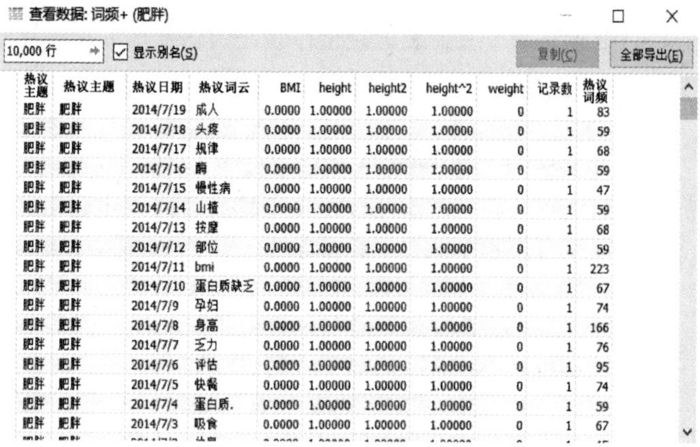
查看数据: 词频+ (肥胖)

10,000 行 显示别名(S) 复制(C) 全部导出(E)

热议主题	热议主题	热议日期	热议词云	BMI	height	height2	height^2	weight	记录数	热议词频
肥胖	肥胖	2014/7/19	成人	0.0000	1.00000	1.00000	1.00000	0	1	83
肥胖	肥胖	2014/7/18	头疼	0.0000	1.00000	1.00000	1.00000	0	1	59
肥胖	肥胖	2014/7/17	规律	0.0000	1.00000	1.00000	1.00000	0	1	68
肥胖	肥胖	2014/7/16	酶	0.0000	1.00000	1.00000	1.00000	0	1	59
肥胖	肥胖	2014/7/15	慢性病	0.0000	1.00000	1.00000	1.00000	0	1	47
肥胖	肥胖	2014/7/14	山楂	0.0000	1.00000	1.00000	1.00000	0	1	59
肥胖	肥胖	2014/7/13	按摩	0.0000	1.00000	1.00000	1.00000	0	1	68
肥胖	肥胖	2014/7/12	部位	0.0000	1.00000	1.00000	1.00000	0	1	59
肥胖	肥胖	2014/7/11	bmi	0.0000	1.00000	1.00000	1.00000	0	1	223
肥胖	肥胖	2014/7/10	蛋白质缺乏	0.0000	1.00000	1.00000	1.00000	0	1	67
肥胖	肥胖	2014/7/9	孕妇	0.0000	1.00000	1.00000	1.00000	0	1	74
肥胖	肥胖	2014/7/8	身高	0.0000	1.00000	1.00000	1.00000	0	1	166
肥胖	肥胖	2014/7/7	乏力	0.0000	1.00000	1.00000	1.00000	0	1	76
肥胖	肥胖	2014/7/6	评估	0.0000	1.00000	1.00000	1.00000	0	1	95
肥胖	肥胖	2014/7/5	快餐	0.0000	1.00000	1.00000	1.00000	0	1	74
肥胖	肥胖	2014/7/4	蛋白质.	0.0000	1.00000	1.00000	1.00000	0	1	59
肥胖	肥胖	2014/7/3	吸食	0.0000	1.00000	1.00000	1.00000	0	1	67

图 5.47 Tableau 案例数据信息

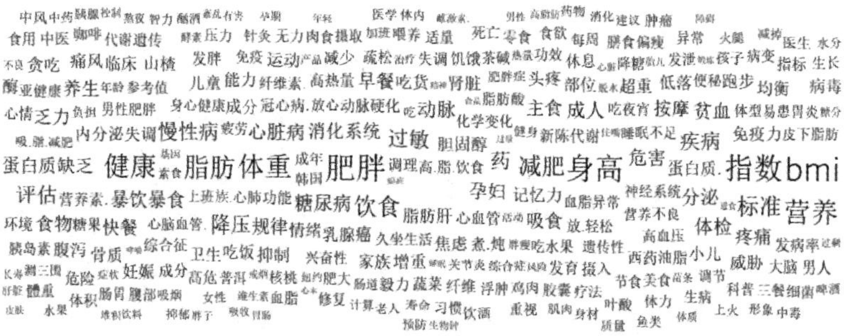

图 5.48 Tableau 案例词云图

下面设置时间轴，在时间轴动态变化过程中，将每周关于肥胖的热议内容动态展示出来。同时，针对热议词频的重要性，在热议词云中用不同颜色呈现出来。针对上述功能的实现，需要把维度列表框中的“热议日期”拖拽到页面框中，在页面框中将“日期”设定为以周展示，并设置时间轴为循环播放模式；将度量框中的“热议词频”拖拽到图表菜单框的颜色中，另外可以设置一种颜色进行呈现，可视化效果如图 5.49 所示。

（4）建立工作表，BMI 指数动态展示的实现。将维度列表框中的“height”“weight”依次拖拽到筛选器中，选择显示快速筛选器，并将快速筛选器显示类型设置为“单值（滑块）”类型；将度量框中的“BMI”拖拽到视图区。在选择 height 和 weight 后，会动态展示对应的 BMI 指数。可视化效果如图 5.50 所示。

图 5.49 "时间轴—词云图"交互效果

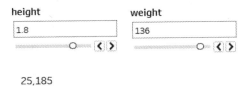

图 5.50 "BMI 指标"动态展示

(5)建立仪表盘,调整可视化效果。在仪表盘中,需要隐藏工作表标题、以浮动方式显示工作表和快速筛选器、添加图形背景、设置工作表填充颜色等。通过这些设置,最终可视化效果如图 5.51 和图 5.52 所示。

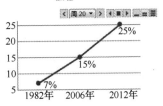

图 5.51 Tableau 案例可视化效果(页面一)

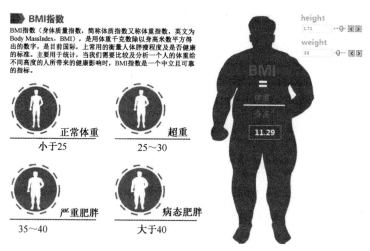

图 5.52 Tableau 案例可视化效果（页面二）

3. Tableau 页面框"轨迹模式"实战——"中国电影票房"数据可视化展示

本案例的数据来源是中国电影票房网，其中记录了 2019 年 2 月—2020 年 1 月中国电影总票房、电影放映场次、电影观影人次的相关情况，如表 5.5 所示。可视化任务是通过 Tableau 软件实现中国电影票房数据的动态显示，在可视化图中以轨迹方式显示近一年票房、放映场次、观影人次等指标的变化情况。

表 5.5 中国电影票房网数据

时间	票房/万元	放映场次/场	观影人次/万人
2019 年 2 月	618340	7580810	17221
2019 年 3 月	337338	7604301	10198
2019 年 4 月	490617	7326001	14034
2019 年 5 月	388841	7385959	11607
2019 年 6 月	393031	7257462	11354
2019 年 7 月	504128	8384066	14677
2019 年 8 月	736595	8511202	21345
2019 年 9 月	314426	7641399	9329
2019 年 10 月	512889	8550746	15136
2019 年 11 月	288221	8148983	8491
2019 年 12 月	508441	8743379	15133
2020 年 1 月	424763	6815068	12606

这个可视化任务借助页面框实现时间轴的动态变化，同时需要将时间轴设置为轨迹模式，要求在时间轴变化的过程中，能够呈现每个月票房、放映场次、观影人次的变化趋势。具体操作如下：

（1）将数据导入 Tableau 软件中，配置数据属性。其中，将表格第 1 列数据（时间）作为维度，将第 2 列数据（票房）、第 3 列数据（放映场次）、第 4 列数据（观影人次）作为度量，如图 5.53 所示。

（2）选择可视化图形，在维度列表框中选择"时间"，在度量列表框中同时选择"票房""放映场次""观影人次"，在智能显示框中选择"线（连续）"图表，如图 5.54 所示。

（3）将"时间"拖拽到页面框中，将页面的显示方式设置为"月"，同时将横/纵坐标轴变量中的"年"修改为"月"，将图表菜单框中的标记设置为"圆"，勾选页面框中的"显示历史记录"，同时将"显示历史记录"中的显示设置为"轨迹"，如图 5.55 所示。

图 5.53　配置数据属性　　　图 5.54　选择智能图表　　　图 5.55　设置时间轴

（4）建立仪表盘，调整可视化效果。在仪表盘中，需要隐藏工作表标题、以浮动方式显示工作表、添加图形背景、设置工作表填充颜色等。通过这些设置，最终可视化效果如图 5.56 所示。

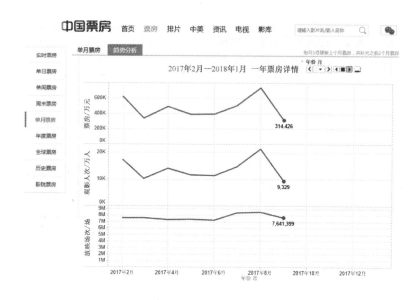

图 5.56　Tableau 案例可视化效果

4. Tableau 仪表板实战——数据新闻可视化展示

本案例通过爬虫技术从微博上抓取了某事件的相关数据，包括事件发生过程中每天的微博转发量、讨论主题、讨论频率，如表 5.6 和表 5.7 所示。可视化任务是通过 Tableau 仪表盘的功能设置，实现两部分数据之间的交互，即以折线图的方式呈现事件发展规律，在微博转发趋势图中选择不同的时间节点，可以在下方的图表中交互显示该日期对应的热议话题和讨论频率。

表 5.6　某事件微博转发量

日期	微博转发量/条
5月2日	12
5月3日	10
5月4日	6

日期	微博转发量/条
5月5日	300
5月6日	495
5月7日	1058
5月8日	781
5月9日	1496
5月10日	1500
5月11日	1522
5月12日	3352
5月13日	2645
5月14日	4867
5月15日	27434

表 5.7 某事件讨论主题和讨论频率

日期	讨论主题	讨论频率
5月2日	【主题一】	0.303279
5月2日	【主题二】	0.04918
5月2日	#我有话说#	0.032787
5月2日	【主题三】	0.032787
5月2日	【主题四】	0.02459
5月3日	【主题五】	0.242857
5月3日	【主题六】	0.145238
5月3日	#我有话说#	0.083333
5月3日	【主题七】	0.061905
5月3日	【主题八】	0.05
5月5日	【主题九】	0.105634
5月5日	#我有话说#	0.033803
5月5日	【主题十】	0.014085
5月5日	【主题十一】	0.008451
5月5日	【主题十二】	0.007042

这个可视化任务中有两个数据源,在导入数据时需要在两部分数据间建立关联关系;在 Tableau 中分别建立两个工作表,来呈现微博转发趋势和微博热议话题;在仪表盘中,通过工作表的设置实现不同数据之间的交互。具体操作如下:

(1)将数据导入 Tableau 软件中,将 Excel 中的"微博转发情况"工作表与"话题讨论主题"工作表两部分数据进行关联,由于两个表格中均有"日期"这个字段,所以会以"日期"字段作为关键词,在两个表格中自动建立关联关系,如图 5.57 所示。

图 5.57　Tableau 案例数据关联

(2)配置数据属性。将度量列表框中的"微博转发情况"和"话题讨论主题"下的"日期"数据类型均调整为"日期"格式,更改后以日期和讨论主题作为维度,以微博转发量和讨论频率作为度量,如图 5.58 和图 5.59 所示。

(3)建立工作表,实现微博转发趋势图。在维度列表框中选择"日期",在度量列表框中选择"微博转发量",在智能显示框中选择"线(连续)",将横/纵坐标轴变量框中的日期调整为"天",同时将"微博转发量"拖拽到图表菜单框作为标签,这样微博转发图就展示出来了,如图 5.60 所示。

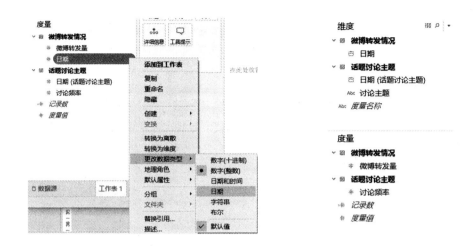

图 5.58　配置数据属性　　　　图 5.59　Tableau 案例维度与度量

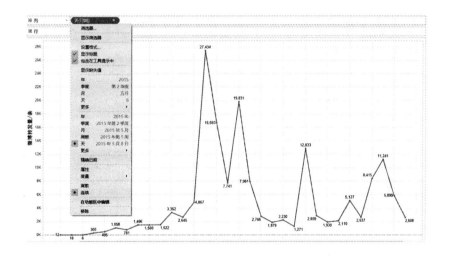

图 5.60　Tableau 案例 "微博转发图"

（4）建立工作表，实现微博热议话题。在维度列表框中选择"讨论主题"，在度量列表框中选择"讨论频率"，在智能显示框中选择"水平条"，这样微博热议话题就展示出来了，如图 5.61 所示。当然，也可以将"日期"添加到筛选器框中，建立"日期"与"讨论主题"的交互关系。

（5）建立仪表盘，实现数据的交互。将工作表一（微博转发趋势图）和工作表二（微博热议话题）拖拽到仪表盘，将两个工作表设置为"浮动模式"，将工作

表一设置为"用作筛选器",这时就可以通过选择"微博转发图"中不同的时间点,在下方的折线图中看到当天讨论的主题,如图5.62所示。

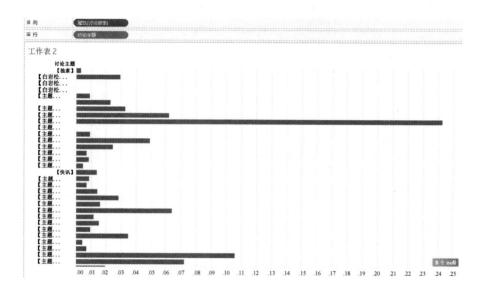

图 5.61　Tableau 案例"微博热议话题"

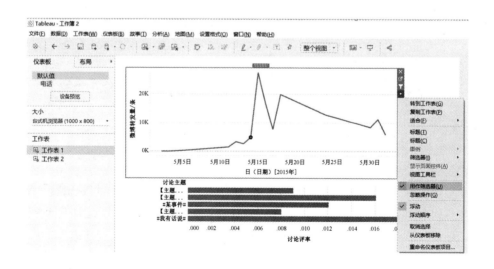

图 5.62　Tableau 案例数据交互

（6）调整可视化效果。在仪表盘中，需要隐藏工作表标题、以浮动方式显示工作表、添加图形背景、设置工作表填充颜色等。通过这些设置，最终可视化效果，如图 5.63 所示。

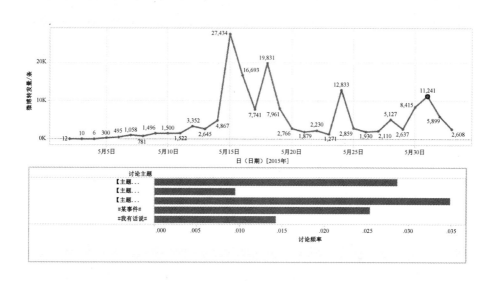

图 5.63　Tableau 案例可视化效果

5. Tableau 地图实战——"全国知名高校"数据可视化展示

本案例的数据是关于全国排名前 500 的知名高校的综合情况，其中记录了不同高校的名次、学校名称、类型、所在地区、评分、办学类型、星级排名、办学层次，如表 5.8 所示。可视化的任务是通过地理可视化的实现，呈现不同城市与该城市著名大学总量、大学类型的关系，用地图的填充颜色表示该城市拥有知名大学的数量，在每个城市上方用饼状图中的百分比表示该城市不同类型大学的占比情况。

表 5.8 全国排名前 500 的知名高校的综合数据

名次	学校名称	类型	所在地区	评分	办学类型	星级排名	办学层次
1	北京大学	综合	北京	100	中国研究型	7 星级	世界知名高水平大学
2	清华大学	理工	北京	98.5	中国研究型	7 星级	世界知名高水平大学
3	复旦大学	综合	上海	82.79	中国研究型	6 星级	中国顶尖大学
4	武汉大学	综合	湖北	82.43	中国研究型	6 星级	中国顶尖大学
5	浙江大学	综合	浙江	82.38	中国研究型	6 星级	中国顶尖大学
6	中国人民大学	综合	北京	81.98	中国研究型	6 星级	中国顶尖大学
7	上海交通大学	综合	上海	81.76	中国研究型	6 星级	中国顶尖大学
8	南京大学	综合	江苏	80.43	中国研究型	6 星级	中国顶尖大学
9	国防科学技术大学	理工	湖南	80.31	中国研究型	7 星级	世界知名高水平大学
10	中山大学	综合	广东	76.46	中国研究型	5 星级	中国一流大学

这个可视化任务借助 Tableau 地图实现地理可视化信息的呈现，同时要通过"双轴"的高级功能，在同一画面中实现填充地图与饼状图的重叠展示。具体操作如下：

（1）将数据导入 Tableau 软件中，配置数据属性。其中，将表格中的学校名称、类型、所在地区、办学类型、星级排名、办学层次作为维度，将表格中的名次、评分作为度量，如图 5.64 所示。

（2）配置数据属性，添加地理角色。右击维度列表框中的"所在地区"，将其地理角色设置为"省/市/自治区"，如图 5.65 所示。

图 5.64 Tableau 案例维度与度量

图 5.65 配置数据属性

(3) 实现 Tableau 填充地图。在维度列表框中选择"所在地区",在智能显示图表中选择"地图";将维度列表框中的"所在地区"作为图表菜单框中的"标签"标记,将度量列表框中的"记录数"作为图表菜单框中的"颜色"标记;可以设置颜色,选择一种颜色作为地图填充色,完成上述设置。

当然,也可以不用智能显示图表,而是通过人为设置的方式来实现地理可视化。我们可以通过将度量列表框中的"经/纬度"拖拽到横/纵坐标轴变量框中,将精度作为列,将维度作为行;将维度列表框中的"所在地区"拖拽到视图区;将图表菜单框中的标记设置为"已填充地图",将"所在地区"作为图表菜单框中"标签"标记,最后设置图表菜单框中的"颜色",同样可以实现上述效果。

(4) 用饼状图呈现不同省市大学类型的占比情况。在实现 Tableau 填充地图的基础上,将图表菜单框中的标记设置为"饼状图",将维度列表框中的"类型"设置为图表菜单框中的"颜色",将度量列表框中的"记录数"设置为图标菜单框中的"大小",调节"大小"的尺寸,效果如图 5.66 所示。

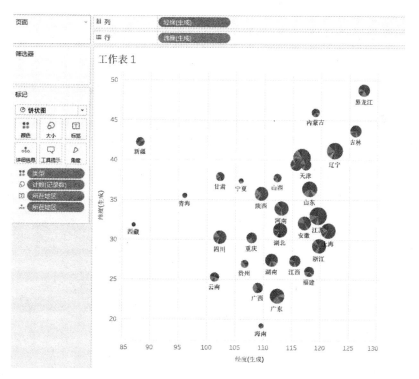

图 5.66　Tableau 案例"大学类型占比"饼状图呈现

（5）填充地图与饼状图的重叠展示。将度量列表框中的"纬度"拖拽到纵轴变量框中，这时纵轴变量框中具有两个"纬度"信息，同时在图表菜单框中会生成具有两个"纬度"的图表信息，在视图区会变成两张图，如图5.67所示。

在图表菜单框中会对第2个图表信息进行设置，将标记中的图表类型从原来的"饼状图"更改为"已填充地图"，将"类型"标记删除，将"记录数"标记设置为"颜色"标记，如图5.68所示。

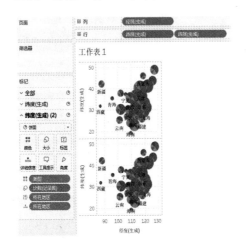

图5.67　Tableau案例双轴设置一　　　图5.68　Tableau案例双轴设置二

最后，将纵坐标轴变量框中第二个"纬度"信息设置为双轴，并将第二个"纬度"拖拽到第一个"纬度"前面，如图5.69所示。

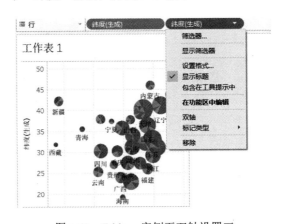

图5.69　Tableau案例五双轴设置三

最终实现效果以中国地图为背景，用不同的填充颜色表示对省/市拥有知名大学的数量，颜色越深说明该省/市的知名高校越多；每个省/市上方用饼状图中的百分比表示该省/市不同类型大学的占比情况，如北京具有综合、理工类型的大学。地图的左上角还设置了筛选器，可以用勾选的方式查看想要了解的信息。这个可视化作品可以为填报志愿的高考生提供参考。

参 考 文 献

[1] 刘艳妮. 读图时代的信息可视化设计分析[J]. 大众文艺，2017，8.

[2] 白雷. 浅谈"读图时代"[J]. 文学教育（中），2010，6.

[3] 雷欣. 浅谈"读图时代"的图像传播[J]. 科技传播，2016，22.

[4] 吕永峰. 读图时代可视化及其技术分析[J]. 现代教育技术，2015，2.

[5] 雷婉婧. 数据可视化发展历程研究[J]. 电子技术与软件工程，2017，12.

[6] WANG X, YIN F L, LIU J B, et al. The research of broadcast television users portraits depicting technology based on long-term interest model[J]. Journal of Information and Computational Science, 2015, 12(16): 6057-6068.

[7] WANG X, YIN F L, CHAI J P, et al. The Research of Broadcast Television Community Discovery Technology Based on Double-Weight Gaussian Kernel Similarity[J]. Journal of Information and Computational Science, 2014, 12(6): 2185-2196.

[8] WANG X, LIU J B, CHAI J P, et al. The Research in Satellite Television Channel Landing Fee of China Based on PageRank Algorithm[C]. In Proc. 2014 International Conference on Machine Tool Technology and Mechatronics Engineering, ICMTTME, 2014, 6: 1791-1795.

[9] WANG X, YIN F L, CHAI J P, et al. The Research of TV Program Category Preference Based on TagPageRank Algorithm[C]. In proc. 7th International Symposium on Computational Intelligence and Design (ISCID) . Conf., 2015, 8: 319-323.

[10] WANG X, LIU J B, YIN F L, et al. The Research on Broadcast Television User Dividing Groups Technology Based on Concept Data Clustering Ensemble[C]. In proc. 8th International Symposium on Computational Intelligence and Design, ISCID, 2015, 12: 16-20.

[11] WANG X, YIN F L, YANG T R, et al. The Research on Broadcast Television User Interest Model Based on Principal Component Analysis[C]. In proc.2015 IEEE 12th International Conference on Advanced and Trusted Computing, ATC, 2015: 578-581.

[12] Xhinking. 来，认识一下这个数据可视化中的90后：Treemap [EB/OL]. https://zhuanlan.zhihu.com/p/19894525, 2014-11-16.

[13] BYMD. 揭秘：数据可视化设计师如何建立灵感库？[EB/OL]. http://www.woshipm.com/pd/3308421.html, 2020-1-10.

[14] 苏颢云，覃照莹，王亚赛，等. 一分钟看百年诺奖人才流动：哪些国家是最强的人才孵化地[EB/OL]. https://www.thepaper.cn/newsDetail_forward_1537678, 2016-10-11.

[15] Evan_Gu. 【数据可视化】数据可视化分类[EB/OL]. https://blog.csdn.net/gdp12315_gu/article/details/46317299, 2015-06-11.

[16] Evan_Gu. 【数据可视化】可视分析流程[EB/OL]. https://blog.csdn.net/gdp12315_gu/article/details/46334785, 2015-06-02.

[17] 腾讯大数据可视化设计团队. 遇见大数据可视化：未来已来，变革中的数据可视化[EB/OL]. https://cloud.tencent.com/developer/article/1005149, 2017-06-30.

[18] 秦路. 掌握数据生命周期:用户行为数据的4个来源[EB/OL]. http://www.woshipm.com/data-analysis/3045022.html, 2019-11-02.

[19] GeekPlux. 数据可视化基础——视觉编码[EB/OL]. https://www.jianshu.com/p/ba7abc64b662?open_source=weibo_search, 2017-01-13.

[20] KurryLuo. 数据可视化的基本原理——视觉通道[EB/OL]. https://www.jianshu.com/p/67f599fb7555. 2018-12-28.

[21] agrinJPG. 视觉感知与认知[EB/OL]. https://blog.csdn.net/qq_43362426/article/details/97367728. 2019-08-06.

[22] Nemo. 数据可视化设计（3）：设计思维下的可视化设计流程[EB/OL]. http://www.woshipm.com/data-analysis/2720230.html. 2019-8-18.

[23] Nemo. 数据可视化设计（2）：可视化设计原则[EB/OL]. http://www.woshipm.com/data-analysis/2317120.html. 2019-05-09.

[24] 邱南森. 数据之美：一本书学会可视化设计[M]. 北京：中国人民大学出版社，2014.

[25] 陈为. 数据可视化[M]. 2版. 北京：电子工业出版社，2019.

[26] 何润，张艳琳. 获客[M]. 北京：人民邮电出版社，2019.

[27] 赵宏田，江丽萍，李宁. 数据化运营：系统方法与实践案例[M]. 北京：机械工业出版社，2018.

[28] 代福平. 信息可视化设计[M]. 重庆：西南师范大学出版社，2015.

[29] 陈红倩. 数据可视化与领域应用案例[M]. 北京：机械工业出版社，2019.

[30] 何冰，霍良安，顾俊杰. 数据可视化应用与实践[M]. 北京：企业管理出版社，2015.

[31] 王国平. Tableau 数据可视化从入门到精通[M]. 北京：清华大学出版社，2017.

[32] 刘强. 大数据时代的统计学思维：让你从众多数据中找到真相[M]. 北京：水利水电出版社，2018.

[33] Nathan Yau. 鲜活的数据：数据可视化指南[M]. 北京：人民邮电出版社，2012.

[34] 吕峻闽. 数据可视化分析（Excel 2016+Tableau）[M]. 北京：电子工业出版社，2017.

[35] 金立钢. Power BI 数据分析：报表设计和数据可视化应用大全[M]. 北京：机械工业出版社，2019.

[36] 美智讯. Tableau 商业分析一点通[M]. 北京：电子工业出版社，2018.